愿你被世界温柔以待

霍晨昕——编著

南京出版传媒集团
南京出版社

图书在版编目（CIP）数据

愿你被世界温柔以待 / 霍晨昕编著.—南京：南京出版社，2018.1

ISBN 978-7-5533-2036-6

Ⅰ. ①愿… Ⅱ. ①霍… Ⅲ. ①人生哲学－通俗读物 Ⅳ. ①B821-49

中国版本图书馆CIP数据核字（2017）第292851号

书　　名：愿你被世界温柔以待
作　　者：霍晨昕
出版发行：南京出版传媒集团
南 京 出 版 社
社　　址：南京市太平门街53号　**邮　　编**：210016
网　　址：http：//www.njcbs.cn　**电子信箱**：njcbs1988@163.com
天猫1店：https：//njcbcmjtts.tmall.com/　**天猫2店**：https：//nanjingchubanshets.tmall.com/
联系电话：025-83283893、83283864（营销）025-83112257（编务）
出 版 人：朱同芳
出 品 人：卢海鸣
责任编辑：金　欣
装帧设计：段　瑶
责任印制：杨福彬

策　　划：日知图书（www.rzbook.com）
印　　刷：北京佳诚信缘彩印有限公司
开　　本：787毫米×1092毫米　1/32
印　　张：4
字　　数：100千字
版　　次：2018年1月第1版
印　　次：2018年1月第1次印刷
书　　号：ISBN 978-7-5533-2036-6
定　　价：16.80元

营销分类：励志

前言
Foreword

梁漱溟的父亲在离开这个世界之前曾问他："这个世界会好吗？"

梁漱溟说："我相信世界是一天天往好里去的。"

那么，这个世界会好吗？

梁漱溟后来有一本对话集就以此为名——《这个世界会好吗》，不管对方用了多么犀利、有攻击性和偏激的言辞与他对话，他始终淡然地说："动摇不了根本的，对于世界，我还是乐观的。"

每当挫折来敲门时，我们会问别人，也问自己："会好吗？"

不管时代如何更迭、科技如何发达，我们内心的困惑一点不会减少。当意识到自己并不孤单的时候，糟糕的事情就不那么糟糕了，因为它纠缠过所有人，选择相信"会好的"的人，真的就慢慢好起来了。

于是，该如何跟世界相处，成了最重要的生命课题。

有个现象特别有趣，心理学大概把人按照性格分成了几类，有一阵子大家争相去做那个外向的人，都觉得内向的人不健康。后来心理学开始普及，人们才逐渐知道，没有最好的性格，外向、内向都有优劣，都能在擅长的领域里笑傲风云，也会在短板中丢盔弃甲。

其实人生也是这样，没有最好的样子，只有最适合自己的样子。不要被偏激牵引，不要被虚妄左右，顺其自然，像河流绕过群山奔向大海，像一朵花开开落落，像一株青草平时低调沉默，风来时却能迎风摆动，一切都那样自然——悲苦时不抵触负面情绪，不必强求自己一定要笑；欢乐时不遮遮掩掩，尽情享受，珍视每一种情绪；不争着做最幸福的人，也不必自卑为最痛苦的人，只要知道人情冷暖，随遇而安就可以了。

当然，有时还是会孤独，可是努力合群的样子，最孤独。不要丧失与自己独处的机会，它会让你更能抓住自己的想法，成为自己的主宰，而不是人云亦云。

失去了谁也不要觉得可怕，或许你们真正的缘分就美好于拉开了距离。想想对谁都一样，爱人、亲人和朋友，给彼此空间，许以一定的距离，才能成全彼此的美好。所以，我们对往事念念不忘，对故人牵肠挂肚，对故乡近而情怯，那些不舍得忘记的，都是有距离的。面对失去，换个角度，就是对美的成全。

每个人都有自己的舞台，看过不一样的风景，不必嘲笑谁的舞台小，也不必羡慕谁的舞台大。佛说“各有因缘莫羡人”，都有自己的拥有，都有自己的幸福。同样地，也都有自己的委屈。不必嘲笑谁落了难，也无须羡慕谁登了顶。你的人生，本不可取代。

这个世界会好吗？

会一天天好起来！我们都值得被温柔以待。

目录 Contents

Part 01

拿什么来抵抗生活的苦

长的是苦难，短的是人生。艰难的日子，不忘初心，笃定前行。相信一切都会好起来的，走着，走着，天就晴了。收获苦难时，别忘了落在地上的甜果。

01 ▸▸

心无旁骛地度过艰难岁月

我们一直在强调专注，但大多数人专注于怎么赢。事实上，我们在度过艰难岁月时，也需要专注，需要心无旁骛。只有专注于当下的生活，才不会沉溺于过去的风光，也不会惧怕不知是好是坏的未来，才能活出最轻松的模样。

三十岁时，村上春树获得日本权威文艺杂志《群像》的新人奖，从此在文坛声名大噪。在此之前，村上春树做着跟文字毫无关系的工作——一家酒馆的小老板。这个听上去很能赚钱的营生，却带给他最惨的经济状况。

大多数人的轨迹是大学毕业——找工作——结婚，但村上春树是反着进行的，先跟心仪的女士结婚，之后为了生活被迫工作，最后毕业。他并不是个离经叛道的人，也曾想过按部就班的人生，但毕竟是个与众不同的人，起码在世人眼中是这样的，否则不会在大学读书期间就决定跟爱人厮守终身，并且急迫地随便挑了个日子去注册成为夫妇。

有了爱人，组织了家庭，就不再是任性度日、不计前程的单身汉了，村上春树每天要为赚钱奔波。所幸的是，太太是个可以同甘共苦的人，更加难得是个意志独立的女人，她不觉得婚后紧巴巴的生活值得抱怨，反而有足够的热忱去奋斗。于是在那段时间，她和村上春树一边读书，一边身兼数职赚钱生活。

三年之后，也就是1974年，两人用打工攒的钱，又四处跟人借了一点，在国分寺车站的南口开了一家小店。倒不是村上春树多有志向要成为日进斗金的企业主，而是他实在不愿再委身公司，也不屑进入体制内工作。年轻的文学爱好者，总是有血气方刚的一面。这也并不是什么新鲜事，在那个时代的日本，自主开店的年轻人有许多。村上说：“我的小店周边也有好几家同龄人经营的店……貌似学生运动落魄者的家伙们也在四周晃来晃去。”“那时年轻人开店不像现在要耗费巨资。”

村上春树的小店主要提供酒和咖啡，也有一些小餐。每天在店里播放他喜欢的爵士音乐——这也是他想开个小店的原因之一，因为极其喜欢爵士乐。他希望能在一个一天到晚能听到爵士音乐的地方工作，于是跟妻子建议开个这样的小店。他后来说这个主意又单纯又草率，却的确符合他对

生活的要求：有格调、有情趣、有自由。

他把这段生活比喻为世界的“缝隙”，不用追随主流奔波，又不至于饿死街头。即便最后潦倒，他依旧认为这是一个值得珍惜和回味的最好的时代，毕竟现在已经很难有运气找到这样的缝隙，哪一个决定不需要强大的人力、物力和财力来支持？

生活如常进行，并没有什么特别好的事，但也没有坏的事。村上春树把家里老旧的立式钢琴搬进了店里，每个周末都邀请周边的乐队来进行演奏。支付乐队并不需要多少钱，不是乐手们不需要钱，而是他们更希望得到观众的认可，所以基本上有演出邀请，他们就会去。

那个时期是年轻的，是快乐的，大家认为生活并非要围着钱打转，更重要的是遵从内心的召唤。可一段时间后，随着年纪的增长、生活开销的增大，赚钱就变成了比梦想更重要的事。乐队解散了一批又一批，村上春树的生意也债台高筑，步履维艰。

村上夫妇每天醒来的第一件事就是还债，还银行的贷款和向朋友借的钱。为此他们起早贪黑，省吃俭用，生活贫困到了一定地步——家里没有一样现代化的东西，没有电视机、收音机，连一只闹钟都舍不得买。冬天天气寒冷，他们为了省钱而放弃了购买取暖器的打算，于是夫妻俩在夜晚只能抱着几只猫取暖，而猫也紧紧靠着他们。

即便如此卖力，还是负债累累，感觉怎么都偿还不清。有一晚，他们二人在为这个月的银行贷款发愁，此前已经变卖了所有可动财产，还是相去甚远。如果第二天还是筹不到钱，银行就要收违约金。二人低着头走在浓浓夜色之中，气氛实在无法愉快。恍惚间，看到地上躺着一些皱巴巴的钞票。他们捡起来一看，正好是所需的数目。

于情于理于法，这笔钱都应该上交给警察，可想起第二天就要到期的银行贷款，村上春树做了让他非常愧疚的一个决定——私自拿起来，并用它来补上债务的缺口。后来在自传中他写道："那时我压根儿没有力气说漂亮话，对不起了……事到如今，再来道歉也无济于事。我愿意以其他方式尽可能地返还给社会。"

生活就这样窘迫地进行着，直到三十岁，村上想实现写作的梦想，索性关了店，又过起了更加清苦的日子。但不得不承认，在此之前所经历的一切都变成了养料，滋养他的文学思想，一举创造出震惊文坛的作品。

回忆起这段时光，村上说最重要的不是抱怨和抵触，而是要心无旁骛地度过。心无旁骛是足够专注，人在专注时即便能体察到艰辛，但还是会往前走，都是走过很远回头看才发现当时那段路走得真不容易，而当时也不过就这样度过了。

更为重要的是，村上在这段岁月里还得到了成长，完成了"社会学习"。当时的日本，只要是卖酒的地方总被歧视，似乎是跟乌烟瘴气和低俗下流分不开。为了维持经营，偿还欠款，傲气也只能收敛起来，客人污言秽语谩骂时不能回嘴，酒鬼们撒酒疯驱使他如仆役一样也只能照做。总之要在一切糟糕的事情面前点头哈腰，学会忍耐。

这种丢掉尊严的日子一久，反而能从中找到快乐——虽然清贫，却是个小店之主，而且是个年轻健康的店主；每天能听到自己喜欢的音乐，见识形形色色的人；不用挤车上下班，不用遭受单位制度的管制，时间和精神上相对自由。

苦中作乐，就是人类最大的成长。他后来写回忆录时，说："心无旁骛地度过了这段艰苦岁月，好歹得以保全性命，来到了稍稍开阔平坦的场所。略做休息之后，我环顾四周，只见眼前展现出一片从未见过的全新风景，风景中站着一个全新的自己……回过神来，我多少变得比以前坚强了一些，似乎多少也增长了一些智慧。"

能不吃苦、顺遂到老自然是最好的。只是希望如果你正在吃苦，那么请专注地度过这段岁月，它一定会在你日后回首时令你惊叹："原来我在那时就变得强大了！"

幸福秘方

艰难的处境带给人的不只是痛苦，有时也是一种坚忍的力量。人在艰难的时候才会获得最大的成长。对于生活不抛弃、不放弃，忠于自己的心，积蓄力量。待时过境迁时，你会恍然：只要心无旁骛，就会成就不一样的自己。

幸福就是换个角度

有个老人在画画，画的是海面上有半个太阳。此时路过一个年轻人，就问："您画的夕阳吧？"老人笑着说："为什么不是朝阳呢？"夕阳还是朝阳，不过是角度的问题。幸福还是悲伤，也可以换个角度。

有个秀才进京赶考，在考前连着做了三个梦。第一个梦是梦到自己在墙头上种菜；第二个梦是梦到下大雨，他戴着斗笠还撑着伞；第三个梦是梦到一个漂亮姑娘赤身裸体躺在床上，而他却背对着姑娘。

秀才找了一个算命先生为他解梦。先生听了他的三个梦连连摇头，说："你还是回去吧，留下来也不会考中，还不如省些钱呢。"秀才急忙问为什么。先生说："你看你的三个梦，在墙头上种菜，那不是白种吗？戴着斗笠打伞，不是多此一举吗？背对漂亮姑娘，不是有缘无分吗？"秀才一听，心灰意冷，回到客栈后收拾包袱准备回家。

客栈掌柜看到了，就问他：“这距离考试没几天了，你怎么突然要回家了？”秀才就把自己做的梦和算命先生解梦的事告诉了掌柜。掌柜一拍桌子说：“哎呀，这可是好梦啊，大大的吉利。”秀才惊讶地问：“这从何说起？”掌柜说：“你看，墙头上种菜，可不是要高中？戴斗笠撑伞，这不是双保险？背对姑娘，这不是就差你一个转身？”

秀才一听，信心大增，于是又留下来参加考试，结果高中举人。

是好事还是坏事，是乐事还是悲事，全在一个角度。换个角度看问题，可能境遇大不相同，人生也会有所转变。

小王收到朋友送的一盆牡丹。牡丹是富贵之花，寓意极好。可这盆牡丹的花朵边缘参差不齐，有碍观瞻。不少人都跟小王说，这花边缘不圆，代表富贵不圆满，还是及早扔了好。小王觉得扔了可惜，就又拿去还给朋友。朋友听了小王的理由，哈哈大笑，说：“这花边不圆，正是富贵无边的意思啊。”

有个老妇人，每天都啼哭。有一天，有个出家人经过，就问她：“老人家，你为什么哭？”老妇人说：“我有两个女儿，大女儿嫁给一个卖伞的，小女儿嫁给一个开染坊的。一下雨我就想，染坊的染布不能拿出来晾晒固色了，小女儿的生意要受影响了；天一晴我又想，大女儿要遭殃了，伞一把都卖不出去。”

出家人听罢，哈哈大笑：“老人家，你应该这样想才对，天晴了，小女儿生意兴隆；天阴了，大女儿生意红火。这你还难过吗？”

老妇人听后突然醒悟过来，原来不是天公不作美，而是自己被自己的眼光给禁锢了。

生活不乏快乐，就看你站在哪个角度去看待。今天天阴了不能出门，留在家里看书也不错，能多增长知识；失业了，说不定有份更好的工作在等你；跟恋人分手了，这让你提前知道你们两个走不长远，总比结婚后再离婚要强；被人算计了，正好让你看清那人的真面目，避免了以后更大的损失。

恐高的人为什么恐高，是因为总是在向下看，只要抬头看上面，就不会害怕。生活有多个角度，学会变通，才能发现快乐。

有个船夫遇到了风浪，船上的人都惊慌失措，只有船夫坚定地摇着船桨。有人问：“你怎么一点都不害怕，反而还挺高兴呢？”船夫说：“你们觉得大浪在摇船，我却觉得是我的船摇动了大浪。”

有时要换个角度看问题，有时也要站在别人的角度想问题。

有一对中年夫妇坐车远行，车上拥挤，没有一个空座。夫妇俩站了半个多小时，总算是等到了两个座位。两人刚坐下，就上来一个腿有残疾的年轻人。丈夫立即站起来给年轻人让座。三个多小时过去了，夫妇俩终于到了目的地，丈夫就这么站了一路。下车后妻子不满地说：“这个年轻人也真是的，你

给他让座，他就坐了三个多小时，也不晓得站起来跟你换换，起码你年长他许多。”

丈夫笑着说：“我只不方便了三个多小时，可他却要不方便一辈子。我用三个多小时去换他短暂的方便，是值得的。”

有位贵妇人的儿子死于车祸，她把儿子埋在了全市最豪华的墓地里，每年都会派人放一束鲜花在儿子的墓前。一年之后，她亲自坐着豪华轿车到了墓园，给儿子送上一束鲜花。之后，她来到了墓园管理处，找到了管理员。她拿出一沓钱递给管理员，并说：“这一年来，谢谢你每天按照我的吩咐在我儿子的墓前放鲜花，谢谢你定期为他的墓地除草去虫，这些微不足道的报酬是你应得的。”管理员看了看那沓钱，没有收下，他说：“那些都是我的工作，不必特地感谢我。”他说完转身离开。

走了几步后，他又转身回来对贵妇人说：“夫人，我知道您很悲伤，每天的那束鲜花寄托了您的哀思。但是，您可知道，有许多活着的人也需要这样一束鲜花。孤儿院的孩子，老人院的孤寡老人，他们没有亲人，从没有人去看他们。如果您能把这些鲜花送给他们，一定会为他们带去快乐。”

贵妇人想了想，表示她会考虑这样做。在接下来的半年多里，管理员没有再接到贵妇人的鲜花。有一天，那辆豪华汽车又驶入了墓园。贵妇人从车上下来，显得愉快又有精神。她拉着管理员的手，激动地说：“这都要归功于你，是你让我体会到了‘赠人玫瑰，手有余香’的快乐，你不知道看着那些孩子和老人高兴的样子，我有多温暖，我一下子觉得生活需要我，很多人都需要我。是你教会了我站在别的角度上看待生活，我要谢谢你。”贵妇人这次没有给管理员钱，而是送了他一束鲜花。

换个角度看问题，处处有生机。生活在一个生机盎然的环境里，幸福唾手可得。

幸福秘方

“横看成岭侧成峰”，角度不同，你会看到完全不同的风景。同样，看待一件事，从不同角度去考虑，你也会豁然开朗、柳暗花明。是幸福快乐还是悲伤难过？完全取决于你的心。

因为有热情，所以耐得住寂寞

当我们面对挫折的时候，需要热情来帮我们恢复斗志；当我们面对孤独的时候，需要热情给我们支持；当我们意志消沉的时候，更需要热情来加油鼓劲。如果把人生比喻成一辆不断前进的火车，理想是那座更远一些的站台，热情就是燃料。如果没有燃料，火车行驶途中就会失去动力，永远到不了下一站。

一位牧师因为世人太执迷而失去了传道的热情。有天夜里，他做了一个梦，梦到自己上了天堂，准备接受上帝对自己这么多年传道工作的奖赏。

天使拿来一顶镶满了金子宝石的帽子要送给牧师，牧师正满心欢喜伸手去接，突然被天使长拦住了。天使长说：“拿错帽子了，这是为二十年前的他准备的，那时候他对传道充满热情，对信仰忠贞不贰，可很快他就慢慢失去了热情。去重拿一顶帽子来。”

天使走了，没一会儿拿来一顶镶满了银子水晶的帽子。牧师心想，这顶虽然没有那一顶华丽，但也还算可以，于是高兴地伸手去接。天使长又说：“还是拿错了，这顶帽子是为十年前的他准备的，那时他虽然逐渐失去了热情，但还在坚持传道。可惜现在他畏惧艰难，完全丧失了热情，再去重拿。”

又过了一会儿，天使拿了一顶普通的帽子过来，交给了牧师。牧师拿着帽子，非常懊恼，悔恨自己不该失去了热情。这时他醒了过来，发现只是做梦，一切还来得及改变。此后他又恢复了热情，四处传道。

我们有理想，但怎么在实现理想的道路上一直走下去？需要热情。当我们面对挫折的时候，需要热情来帮我们恢复斗志；当我们面对孤独的时候，需要热情给我们支持；当我们意志消沉的时候，更需要热情来加油鼓劲。如果把人生比喻成一辆不断前进的火车，理想是那座更远一些的站台，热情就是燃料。如果没有燃料，火车行驶途中就会失去动力，永远到不了下一站。

可口可乐公司前任总裁唐纳德·基奥在艾默里大学毕业典礼上做演讲。他说：“无论你们是从事商业、科学还是法律、宗教或教育；无论你们是绝顶聪明，还是和我们常人一样资质平平；无论你们是高矮胖瘦贫富，你们是怎样的人并不重要，如果你希望生活得有成就感，希望生活得充实，有一样必不可少的东西，那就是‘激情’！”

唐纳德·基奥退休之后，继续去找新的工作。工作对他而言已经不是维持生活的工具，而是人生热情的保温方式。人们很好奇为什么他不在退休后颐养天年、享受人生，而是依然要出去工作，他回答说："激情。"

著名的剧作家尼尔·西蒙一直寻找一个简单的词来概括他的一生，最后他想了想，说："是激情。"他说："激情是主宰和激励我一切才能的力量，如果没有激情，生命会显得苍白和凄凉。"

热情，或者说激情，是勇气的源泉。因为信心满满要成就自己的理想，所以可以奋不顾身。一旦失去热情，勇气也随之减退，剩下的只有麻木的躯壳。麻木对自己，麻木对别人，连自己都感动不了，怎么去感动别人。

有个年轻人梦想成为一名职业棒球手，他最终做到了，在约翰斯顿队服役。他每个月能拿到175美元，这在20世纪80年代的美国属于高收入。他生活无忧，开始消极面对训练，迟到早退，甚至不参加训练。球队老板忍无可忍，对他说："我们球队不要懒惰的人，你看看你还像个职业棒球手吗？对这份职业还有热情吗？还有职业精神吗？你被解雇了。"

年轻人年少气盛，根本不把这当回事，他骄傲地回应说：“我就是懒惰。我就是没有热情了。我就是没有职业精神。那又怎么样？”说完后他头也不回地离开了球队。

从此之后，体面、无忧的生活一去不复返。因为一开始起点太高，所以其他小球队找他，他都回绝了。可生活越来越窘困，他不得不放下身段加入级别最低的切斯特队，每个月只能拿到25美元的薪酬。他觉得很没面子，可为了生存不得不硬着头皮干下去，但内心的热情始终无法点燃。他变得消沉，有时看到从前队里的队友都假装不认识。

大约过了一个星期，他终于撑不下去，离开了切斯特队，到了远在康州的纽黑文队，月薪还是25美元，可起码这里没有熟人，他可以重新开始。

他走在训练场上，望着绿色的球场，这里是他曾经的梦想，是他一直努力要站上去的地方，为什么现在却变成了这个样子？他告诉自己，不能再颓废下去，要振作，一个年轻的生命刚刚站在起跑线上，怎么能没有热情？

从那以后，他又热情饱满地奔跑在球场上，如同一头出笼的猛兽般精力旺盛。他每次都用尽全力投球，然后拼命奔跑。很快，他的热情就感染了队友，感染了整支球队。他突然变成了球队的精神象征，成了每场赛事的焦点人物。

信心和力量又回到了他的体内，昔日被赶出甲级球队的耻辱被清洗。没过多久，他成了名人，当地许多杂志、报刊纷纷刊登他的事迹。而他的月薪也涨到了185美元，两年后又涨到了

770美元。他的生活一下子变好了，名车、豪宅一应俱全。

然而上天还是跟他开了一个恶意的玩笑。在一场比赛里，他在拼尽全力投出一球后，突然袭来一阵剧痛，他的右臂骨折了，即便是康复之后也不能再进行棒球一类的剧烈运动，他不得不退出棒球队，退出他的巅峰时期，退出他缔造的辉煌。这对他来说无疑是个致命的打击，他宁愿失去生命，也不愿意失去打球的机会。此后的一段时间里，他再次变得颓废。生活失去了热情，如同行尸走肉，没有一件事能让他提起兴趣。

为了调整身体和心情，他回到了费城老家。日子又变得艰辛起来。为了维持生活，他去当过收款员，每天骑着自行车走街串巷，去帮一家家具厂收钱，每天的薪酬是1美元。生活走进了死胡同，而且头上还有厚厚一层乌云，前进不得，也不想后退。

可即便处处荆棘，日子还得过下去。他想赚点钱，起码让自己过得有尊严。偶然的机会下，他进了一家保险公司。只要能做成几笔单子，就能有丰厚的收入，他带着这样的期望在保险公司待了八个月。然而这八个月里，他一无所获。长期的失败压垮了他的精神，让他觉得自己陷入了一个四面是墙没有门的围城里，怎么都走不出去。

他打算辞职，重新找一份工作。就在他翻报纸的时候，发现了一个励志讲座，主讲人是戴尔·卡耐基，被称为“励志教父”。他知道卡耐基，看过卡耐基的所有故事。这些故事曾经振奋过他，曾经让他热血澎湃。他决定去听一听卡耐基的讲座。

在听讲的过程里，卡耐基让他站起来发言。他结结巴巴，连句完整的话都说不清楚。卡耐基大声说道：“年轻人，你的活力呢？你这么说话，谁愿意听？没有热情，能打动谁？”

“没有热情，能打动谁？”这一句话就让他清醒了过来。

从那之后，他一改萎靡的状态，又变成了那个曾经叱咤球场的明星球手。他想：“我还这么年轻，为什么一点生气都没有？我现在不奋斗，难道要等到老的时候吗？”随后他变得热情充沛，信心十足，开始了崭新的人生旅程。

那天，他签下了第一笔保单，保单的购买者是费城最大的谷物商。谷物商对他说：“你的热情感染了我，如果我的员工都像你一样充满热情，那我的生意一定比现在还好。”

保持热情，因为只有这样，才耐得住低谷时的寂寞。

幸福秘方

热情可以让我们豪情万丈，可以让我们更加积极地去工作和生活，也可以让我们即使面对挫折和失败，仍不会改变奋斗的航向。保持一份热情，让这暖暖的力量去融化前方冰冷的寂寞吧，自有一份美好等在前方。

允许混乱，
允许失败，一切都是生活

不是只有秩序才是可爱的，不是只有按部就班的成功才是值得感激的。生命里有那么多不美好，都属于我们，都是经历。所以不要抵抗，学会和它们和平相处。终有一天你会豁然明白，混乱、失败，都是生活该有的模样。

一个部队在训练新兵打靶，指挥官问：“你们觉得最厉害的枪法是什么？”新兵们说：“枪枪十环，每一次都命中靶心。”

指挥官又问：“打不中十环就不厉害吗？”

新兵们点头。

指挥官不说话，拿起枪来“砰砰砰”打完一梭子弹。报靶的士兵说，没有一枪是十环，最高的是八环。

新兵们开始撇嘴，认为这个指挥官的枪法太菜了，就这样上战场得瞄旁边那个人才能射中目标。然而当靶纸递到新兵们面前时，他们傻眼了，指挥官虽然枪枪不在靶心，却打出了一个五角星的形状。

指挥官问："你们还觉得最厉害的枪法就是枪枪靶心吗？"

新兵们哑口无言。

我们呢，是不是也不知道该说什么！

我们看起来都很勇猛，浑身充满了干劲，因为从小接受的就是"靶心教育"，你要枪枪命中十环才是最棒的。大人们告诉我们，命中靶心后会有多好的人生——考试好就能进入好的大学，进入好大学就能找到好工作，之后赚得多、走得远，过上比邻居二狗子更好的生活。

可他们从来没说过，如果不能命中靶心该怎么办！于是，当我们打不中十环的时候，罪恶感、负疚感、不安全感全都跑出来，该怎么办？人生就要毁了。

是的，感觉要毁了。

一个刚入行的销售员想做成第一笔单子，积极联系、维护客户几个星期，终于等到了签约的时候，客户却突然变卦了。他立刻打电话过去询问原因，对方说有性价比更好的合作方。他身上的靶心精神发作了，开始跟客户极力争取，最终还是没成。

他内心充满了沮丧，越想越痛苦，最后自尊心告诉他，辞职吧，你不适合这份工作。他去辞职，经理痛快地答应了："不是因为你没有成绩，而是你不能容忍自己的失败。"

我们都想要很好的生活，但对"很好的生活"却缺乏理解，只是一味赚钱，却不知道该怎么享受。没钱是不行，但你赚钱的目的是什么，你自己知道吗？我问了几个朋友。

有的说赚钱要买房子，我问房子买好了之后呢？要买好的衣服和奢侈品。买好之后呢？

朋友们被我问得不耐烦，“反正就是要过不愁钱花的日子。”

我们的国家穷了很久，有钱的地主、资本家都在解放初期被打倒了，人们都觉得劳动人民才是最光荣的。可有一天经济进入大发展时期，要有钱才行。人们开始拼命赚钱，认为赚钱了就是幸福。

我身边有很多人富起来了，但有个富人跟我说：“从前没钱就想赚钱，如今有钱了，却不知道该怎么花。”

钱多了，房有了，车有了，却不断有人问：“你幸福吗？”

在别人眼里是幸福的，可自己知道，不是那么回事。

有个朋友事业风生水起，一年能赚帝都的一套楼房，你能说这不幸福吗？可每次见他，他都愁眉苦脸，牢骚满腹。他说太辛苦了，一天只有三个多小时的睡眠，一年有三百天在全国各地，身体处处亮红灯，他就想好好睡一觉。

“那你休息一下吧。”

他说竞争压力这么大，怎么敢休息呢？一休息就被别人顶替了。

于是他常年重复着表面光鲜、满腹抱怨的生活，而且身体真的在加速衰老。他在帝都的两套房子一直空置，根本没时间去住；他的车常年停在机场，下了飞机才能开一次，停车费都能再买一辆车；他是黄金单身汉，却从来不敢停下来谈恋爱，怕自己太忙顾不上姑娘，又怕付出恋爱时间而损失了工作时间……

他不快乐，甚至有些抑郁。

我们不敢失败，失败就是脆弱的物质基础、是旁人冷眼的嘲讽、是对我们抱有期望的人的失望，于是一直打拼，不敢停下来，却一直都快乐不起来。

有个朋友说："你要允许混乱，允许失败，这是朴树说的。"

朴树在第一张唱片火了之后，很难找到突破，为此抑郁了九年。九年来，他逃离娱乐圈，一开始并不适应，四处跑场子赚钱，可还是不开心，最后索性足不出户，把自己封闭起来，"什么也不做，也很少和人交流"。

九年后的一天，他拿起吉他，弹响了一段旋律，忽然就开心起来。他觉得自己可以走出来了，于是有了那首《平凡之路》：

我曾经跨过山和大海

也穿过人山人海

我曾经拥有着的一切

转眼都飘散如烟

我曾经失落失望失掉所有方向

直到看见平凡才是唯一的答案

堕入过无边黑暗，才知道什么光亮最值得崇拜，才明白柴米油盐的平凡生活就是奇迹。

允许混乱、允许失败，这是靶心教育没告诉我们的。

庄子说人生多数时候都是烦恼的。为什么烦恼？因为我们都想做个有用的人。为了让自己有用，也结交更多有用的朋友。一群有用的朋友在一起，讨论的是如何更有用，却没人考虑究竟什么是生活。

惠施跟庄子说："魏王送了我一颗大葫芦的种子，我精心栽培它，结出了一个有五石容量的大葫芦。我用它来装水，它不够坚固。把它剖开做成瓢，又没有大水缸能放下它。这葫芦真的是大，但对我却无用，我只好打碎它。"

庄子说："先生真是不擅长使用大东西。"接着他讲了一个故事。

宋国有个人擅长做不让手皲裂的药膏。有个人听说了这件事，就出一百金买他的药方。他跟家里人说："我们靠漂洗丝絮为生，最多不过赚数金，现在一张药方能卖一百金，就卖给他吧。"这个人买了他的药方后，就去向吴王推荐这种药膏。当时时值寒冬，吴、越正在打仗，很多士兵的双手皲裂，又疼又痒，难以掌握兵器，影响战斗。有了这种药膏，吴国士兵双手很快痊愈，最终一举得胜。吴王大喜，赏赐这个人一块封地。

庄子说：“同样一张药方，有人获得封地，有人还继续漂洗丝絮，就是因为用在了不同的地方。你有五石的葫芦，为什么不将它绑在腰上当船，浮游江河湖泊，却要忧虑没有水缸能放下它？”

没用，也是有用。

朴树回来后说，一切都是生活，风吹过的，路依然远，你的故事讲到了哪？

爱我和我爱的人们，你的故事才讲了不到一半，还有很长的故事要去创造，不是枪枪十环的才是好故事，五角星难道不是更酷吗？

允许混乱，允许失败，一切都是生活！

幸福秘方

人生的路绝不是光明大道，这条路上有很多沟沟坎坎。很多时候我们看不清前方，也许失意，也许彷徨，迷茫很久，才能重新找到方向。坦然接受这一切，允许生命中那些不完美的存在，好的，坏的，都是你的。

可以遗弃一切，但不要忘却初心

人们最常说的便是“初心不改，方得始终”。而现实却告诉你“初心易得，始终难守”。让你的初心不灭，这也许并不是最难的。最难的是持续地保持那一份热情，为它去努力、去改变。

在智能手机飞速发展的时代，人们似乎热衷于改变，并且愿意追逐改变。每一个新产品面世之后，不过几个月的时间，就会变成柜子里落灰的旧爱；而一个新的App诞生之后，如果不勤于每个月的更新，就会很快被人遗忘。改变是如此之快，就像是这个世界瞬息万变的面孔，而留下来的东西却越来越少。

在喧嚣浮躁的世界之中跋涉，你会发现很多事情都容易被抛弃，你也很容易被时光抛弃，但有一样东西总是最被珍视，却最易丢掉，那就是我们内心最初的渴望。很多时候，走着走着就忘记了我们为什么要出发，甚至不知道自己该往什么地方去。

美国加州大学心理研究所曾经做过一个项目，用二十年的时间去追踪一百个毕业生的人生轨迹。这些人在大学毕业之初，内心怀抱着热切的理想，对于自己的未来充满了期望，看上去每一个人都能够实现一番事业，而他们也积极地为自己构想了不同的人生。

二十年过去了，研究机构管理这个项目的教授已经苍老，但他却没有忘记将项目结束，所以他又一次追踪了这些人的生活状态，发现那些曾经的少年在变成中年人的同时，也从当初的信誓旦旦变成了怨言满腹。只有一个人对自己的生活状态是满意的，有五个人认为自己没有虚度光阴，而剩下的九十四个人对于自己二十年来的人生都充满了懊悔。

这样的结果让研究人员感到不解，于是对这些调查对象进行了逐一的排查采访，他们发现在过去的二十年里每一个人都经历了很多大事，人生中很关键的时刻几乎都被这段时间囊括了。有的人创立了自己的事业，获得了人们的尊敬；有的人结婚生子，有了美满的家庭；也有的人尝到了成功的滋味，又跌入了失败的低谷；还有一些人从籍籍无名之中逐渐有了起色。不管是任何一种人生模式，大部分人都对自己的生活充满了迷茫，就算是赢得了暂时的成功，也觉得自己失去了目标，觉得人生没有多少意义。

教授找到了那个对自己生活极其满意的特例，想要了解他为什么总是面带笑容，丝毫没有抱怨，因为这个人看上去既不是最有钱的，也不是最有社会地位的，事实上他的经济状况在这些人之中算比较差的。教授问他：“二十年过去了，别人在这段时间里赢得了财富，也有人获得了家庭，但你为什么却比他们所有人都开心呢？”

这位被调查者露出了神秘的笑容，带着教授走到了自己的后院，那里种满了各种各样的兰花。他说：“我种出了这么多美丽的兰花，心里能不快乐吗？”

原来，在二十年前，这位被调查者就已经有了一个心愿，他想要种出最美丽的兰花。作为一名花卉爱好者，他并不在意职场上是否获得了升迁，也不在意是否有赚钱的机会出现，因为他全部的心思都用来培育兰花了。他说：“我一点都不后悔，因为种植兰花是我最想做的事，而现在我做到了，它们生长在我的花园里，我有什么可抱怨的呢？”

教授看着他满足的笑容，顿时有所感悟。他又翻阅了研究卷宗，似乎发现了一些真正让人获得快乐的秘诀。

在人生道路上，每一个人都会有自己的理想和初衷，就像这一百个被研究者一样，他们也曾设想过自己的未来生活。但是随着生活的脚步前进，身边会出现很多影响因素，充满了干扰和诱惑，以至于有些人和初心越走越远。一个没有目标的人，生活必然是迷茫的，而一个目标太多的人也一样会陷入混乱的人生状态。人生就像一条大道，走到一半却忘了自己为什么朝前走，这无疑是最大的迷乱。丢失了初心，只会让你的努力前功尽弃，而未来的生活依旧需要你重新去摸索，去树立目标。

在哈佛大学有一条警示学生的名言被口口相传："目标不能决定一切，但就像一艘船需要一个罗盘，没有罗盘的船不知道该往哪个方向航行，更不知道自己何时能够抵达目的地，所以你需要做的就是守护好你的罗盘。"

在出发的那一刻，我们每个人都紧握着自己的罗盘，但又有多少人走着走着就弄丢了它呢？

对于一个紧握罗盘、不忘初心的人来说，一个可实现的奋斗目标是水到渠成的事，因为它必然会立于远处召唤着你。这样的目标也许不是一件具体的事，是你所向往的生活，是你希望达到的人生境界，或者是你希望保持的人生状态。随着生活不断前进，你更需要知道自己究竟想要什么，更需要明确自己要去哪里。

目标众多让人迷茫，更让人不知道如何取舍，而此时你更需要保持清醒，让自己明确最初的方向。亨利·戴维·梭罗曾经说，坚持自己最初的目标，就是做自己内心的主人。只有秉持着这样的原则，你的人生才会变得简单起来，孤独的人将不再孤独，贫穷的人将不再贫穷，脆弱的人将不再脆弱。

松毛虫是一种小虫子，它的身躯软软小小的，总是成群结队地出现在松树上。这种虫子以群居的形式来结网，为自己筑造一个家园。到了黄昏的时候，松毛虫会排着队倾巢而出，它们要沿着树干向上爬行，寻找到鲜嫩的松针，从中吸取汁液，从而获得生存的养分。对于松毛虫来说，一棵松树就是一个世界，离开自己的家爬行就是一次冒险。为了让自己可以安全地折返，所以它们练就了一项奇特的本领，那就是一边爬行一边吐丝，沿途都留下记号。领头的松毛虫在前面爬行的时候，其他的伙伴都跟着它的脚步，沿着它吐出的丝蜿蜒前进。不管走出去多远，只要这条丝还在，它们就不会迷失。

著名的昆虫学家法布尔发现了松毛虫这一有趣的现象之后，对于它们的神奇本领很好奇，便想试一试它们是否真的聪明。于是，在一群松毛虫离开了巢穴之后，他引着它们到了一个花盆上，然后将领头的松毛虫吐出的丝给擦掉，只留下花盆边缘的那一条。

当松毛虫沿着丝爬行的时候，它们完全不知道自己的退路已经没有了，只要眼前还有丝，它们就埋头前进。于是，这群松毛虫在花盆边缘仅有的那条路线上不断爬行，哪怕花盆里面就有它们追寻的松针，松毛虫们也都视而不见。

经过几天几夜之后，疲劳的松毛虫终于慢下了脚步。它们只知道沿着丝前进，却不知道这条循环的丝永无尽头。在它们的意识之中，只有丝的尽头才有松针可以食用，却不知道松针就在自己的身边。

人们嘲笑松毛虫，却不知道在现实之中也有很多人像松毛虫一样，沿着一条固定的路线盲目地前进，度过了自己人生中宝贵的每一天，甚至忘了自己最初的目的是什么。当有人提醒他的时候，他甚至会说："这有什么奇怪，大家不都这样吗？"那条无形的丝牵引着他不断向前走，一直到精疲力竭。他们的人生就像是没有了罗盘的航船，充满了迷茫，自然也就无法抵达理想的彼岸。

参加过立定跳远的人都有这样的经验：在起跳的那一刻，只要盯住远处的某个点，然后将它作为自己即将跳跃的目标，那么你的成绩就可以尽量接近这个标志了，甚至还会取得突破性发挥，赢得好成绩。这就是爱因斯坦所告诫的："一个人最初的目标如果是远大的，那么他的进步也将是巨大的。"人生最初的定位就是你的初心，而你的初心也必然会决定你人生的高度。

幸福秘方

当你怀抱初心，朝着确定的目标坚定不移地前进，你会发现沿途虽然有很多风景，虽然充满了诱惑，但温暖你的依旧是初心的温度，给你力量的依旧是初心的感召。这种方向感会让你更加坚定，让你不断靠近最终的那个梦。

神不在别的地方，就在你头上

向外求，也许你会得到很多同情的目光和些许的援手。而别人永远不能了解你的目标和孤独，他们所能做的只有围观、赞叹和嘲讽。真正可求的那个人不在别处，就在你的头上，那是属于你自己的神。向内求，才是生活的真智慧。

禅学中有许多关于看世界的智慧箴言，最常见的便是告诉你这个世界并不是你看到的样子，但这也是最难被人相信的。几乎每一个人都相信自己看到的世界就是它的本来面目，敢于相信别人的眼睛似乎是一种愚蠢的冒险，但世界真的如你所见吗？你看到的是世界的真相，还是你相信的世界真相？

草间弥生是日本非常著名的当代画家，也是影响了全世界的一名艺术家，她的作品有非常鲜明的特点，那就是圆点。在草间弥生的画作之中，世界似乎都是用圆点来组成的，这不仅显得迷幻，而且非常酷。很多人认为草间弥生只是用这样的方式来表达自己的艺术观点，认为她是一个超前卫的艺术家，但事实上草间弥生自己却不承认。她用圆点来画桌子、椅子和鞋子，也用圆点来画富士山和海浪。当人们问她想表达什么的时候，她说：“这就是我看到的世界，有什么奇怪呢？”

原来，草间弥生患有一种先天性的视网膜成像缺陷，在她的视网膜上充满了各种幻觉一样的圆点。在普通人眼中这个世界有很多的形状与颜色，而在草间弥生的眼中，这个世界就是被圆点覆盖的，就如同我们通过一块布满了圆点的玻璃去看世界一样。

曾经被她天才一样的想象所征服的人，知道这个真相之后才真正被震撼到。艺术之神在草间弥生的大脑之中并没有迷幻地起舞，而是给予她最基本的观察能力，就让她创造了一个不同的世界。

草间弥生诡异而独特的绘画风格让我们明白，这个世界的真相有许多种，存在于每一个不同的观察者头脑之中。你选择相信什么，你就会看到什么，就会进入一个不同的空间。你所感受到的世界，其实正是你所选择相信的世界。

从2003年起，来自澳洲的力克·胡哲（Nick Vujicic）以独特的姿态出现在我们的世界里。这个天生就没有双手和双脚的男人，带着他灿烂的笑容，骑马、打鼓、踢足球，甚至去冲浪。这些运动对于很多四肢健全的人来说都是一大挑战，而力克·胡哲却似乎毫不惧怕，他的动作虽然笨拙，但他脸上的笑容却让我们赞叹这个男人的不一般。

当力克·胡哲带着天生的残疾来到这个世界的时候，他的父亲也曾经消沉过一段时间，他不知道为什么上天会赐予他这样一个孩子。可是当他看着儿子的眼睛，那对世界充满了好奇的瞳孔里装满了和别的孩子一样的希望。于是，这位年轻的父亲决心像对待一个普通的孩子一样对待力克·胡哲。在孩子只有18个月的时候，他就将力克放进了婴儿泳池，教他如何游泳。当孩子四岁的时候，父亲就开始训练力克用臀部以下仅有的两个脚趾头来打字。这些努力并没有白费，在人们以为力克只能一生都在阴影之中度过的时候，他在21岁那年获得了财务学士学位，正式向世界宣告他即将开始一场不平凡的征程。

力克·胡哲曾经在自己的著作中写道：如果当年父亲选择相信“我的儿子是个残疾人，将无法自理自己的生活”，那么我这一生都将学不会任何技能，都要在政府的救济之下悲惨地活着。但是，他却选择相信“我的儿子和正常人一样，他可以学会任何运动”，于是一个不平凡的生命就此诞生了。

究竟是谁改变了力克·胡哲的命运，难道是那个给他悲惨设定的神吗？不，是力克·胡哲那个选择相信自己的父亲，是力克·胡哲自己。

很多时候，我们都会被相信的力量所震撼。当你相信自己是一个积极向上的人时，你会不自觉地露出微笑，向周围的人散发出正能量，原以为很可怕的事情也会变得顺风顺水。这样的改变虽然很微小，却很神奇，似乎当你选择相信自己的时候，连神都会帮你，全世界都会给你让路。

相信可以产生力量，就好比你相信自己是美丽的，你就无法容忍自己的体重超过一定界限；你相信自己可以超越某个人，你就会付出比他更多的努力去实现目标。当你相信梦想，梦想就会陪在你左右。当你相信自己，那个充满了力量的自己就会跳出来，让你精神百倍地去迎接生活的挑战。

著名广告人李奥·贝纳说过一句话：“伸手摘星，即使徒劳无功，亦不致满手污泥。”星空总是属于相信它的人，而促使你去摘星的不是别人，更不是神，而是你自己，那一刻的你就是自己的神。

远方的星空固然美好，而脚下的羁绊却也十分现实。梦想的美好和现实的残酷总是让人处于纠结之中，出发时你的眼睛只看得到星空，而随着时间的推移、现实的磨砺，你逐渐看到了眼前。你以年薪为自己的梦想，以升职为自己的目标，以房子为自己终生的追求，此刻的你甚至也会认为这就是自己更加成熟的梦想。而事实上，这并不是成熟，这是现实而已，梦想总是由那些貌似不可实现的内容组成的。

在《牧羊少年奇幻之旅》中有一个小小的故事，写的是牧羊少年梦想着前往埃及，于是他就出发了，朝着埃及的方向一路走过去。走到半路的时候，他遇到了一个卖水晶的店，店主听说了牧羊少年的故事，笑着说：“我曾经也有一个梦想，我想要去麦加朝圣。”少年问他：“那你为什么没有去呢？”店主说：“在我将麦加作为自己的梦想时，我发现自己需要一点钱作为路费。于是我就开了一家水晶店，希望通过售卖水晶成为富翁，这样我就可以去麦加朝圣了。可是当我赚足了路费的时候，我发现自己无法离开这家店，将它交给别人我不放心，将它完全舍弃又太可惜，于是我就一直待在店里，最后那个朝圣的梦想也就变得永远无法实现了。”

牧羊少年听了店主的故事，陷入了沉思。原来，在你头上为你点亮梦想的神，有的时候会这么脆弱，轻易就会被现实的羁绊打败。那个曾经的梦想在远处闪闪发光，但光芒却可以很快被眼前的现实遮蔽。于是，你就忘记了远方。

迈开步伐向前的时候，你需要很大的推动力，它来自你内心的渴望。很多时候，打败你的理由并不是面目凶狠的现实，更多的是来自内心的懈怠。现实的残酷让你早有了心理准备，而源自内心的松懈却是无孔不入，在你最虚弱的时候偷走你的激情和勇气。为了让自己永远怀抱着最初的梦想，首先需要的是内心的坚强，也许是一刹那的诱惑，也许是暂时的小憩，也许是稍微偏离了一点方向，你的世界却会因此而改变。而无论是任何一种形式的改变，造成这种改变的都不是外面的世界，而是你的内心力量，它可以点亮你，也可以让你泯灭。

幸福秘方

打开心房，看看它为你献上的力量。望着远方，不要忘记自己最初的梦想。在人生的这条道路上，你就是自己的神，你就是无法战胜的力量。

Part 02

爱情，一半是海水，一半是火焰

爱情是两情相悦的美好。爱情是在对的时间遇到那个对的人，爱上一个人很容易，但爱对一个人很难。用心寻找，属于你的爱情总会到来。如果爱，请深爱。

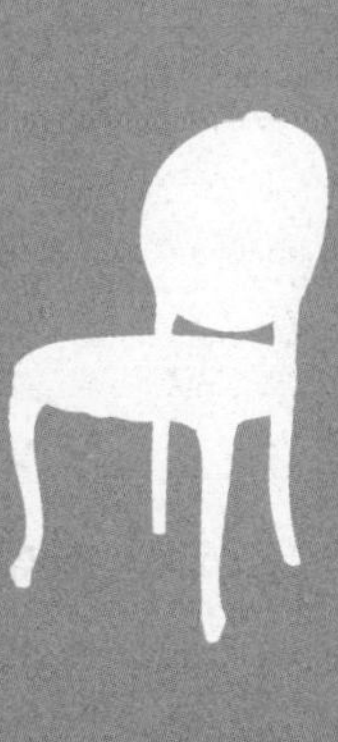

02

不要在意别人的眼光，你觉得是爱情就好

那时候，你还很年轻，人人都说你美。现在，我是特意来告诉你，对我来说，我觉得现在你比年轻的时候更美。与你那时的面貌相比，我更爱你现在备受摧残的面容。

——玛格丽特·杜拉斯《情人》

有人说爱情可怕，因为很多时候分不清楚爱情到底是真爱，还是其他什么元素的集合。唯一可以肯定的是，爱情是心动，而心动的确是建立在某个人独特的魅力之上的，这种魅力可以是外表，可以是一个小小的举动，也可以是声望和地位。

但爱情真正的可怕之处，不是自己弄不明白，而是别人混淆了你的视听，他们说你那不是爱情，说那人对你另有所图，那你要坚持自己的心动吗？

李云泰选择了坚持。

李云泰不是名人，他是个华人富商，祖籍在辽宁抚顺，祖上到越南做生意，在湄公河边有一栋漂亮的蓝色别墅。他唯一

成为“名人”的机会是玛格丽特·杜拉斯给的。

在杜拉斯著名的自传小说《情人》里，李云泰是初恋，是男主角，是她奉献出了童贞的人。

1930年，越南还是法国的殖民地。这一年杜拉斯16岁，从法国到西贡的一所中学读书。她的母亲是个小学老师，在政府的安排下到越南教书。政府说在越南的生活会非常美好，可杜拉斯一家人过得并不好。于是，母亲希望自己的小女儿能接受中等教育，中学毕业后拿到教师资格，一生就算是完美。但不得不说，教师虽然是个体面的工作，但收入并不多，甚至可以用贫穷来形容。

那一天的西贡和其他时候一样炎热潮湿，杜拉斯说：“在那个国土上并没有四季之分，我们正处在那唯一的季节中，炎热而又单调。我们正处于地球上狭长的热带地区，没有春天，没有更新。”

她戴着一顶男式平檐帽，穿着磨到透明的连衣裙。衣着有些寒酸，但并不妨碍一个少女散发她的骄傲气息。李云泰看了她一眼，就再也无法挪开眼睛。

这一眼之后，她把自己完完整整地交给了李云泰。不是一见钟情，不是情投意合，李云泰毕竟比她大12岁，而是赤裸裸的金钱欲求。杜拉斯很穷，家里又有不争气的败家哥哥，所以她需要很多钱来维持自己的生活和白人的体面。

李云泰知道她奉献自己是为了什么，但并不在乎，甚至心甘情愿。他带她和她的家人进出高级餐厅，去夜总会，希望博得这群虚荣的白人的欢心。可杜拉斯的家人，依旧看不起这个黄皮肤的男人，尽管他有很多钱。

但是，看不起又能怎样，他们需要这个黄皮肤男人的钱来过上有尊严的生活。

杜拉斯根本来不及思考，她到底爱不爱李云泰。十几岁的年纪只能让她知道两件事：这个男人有钱，这个男人的肉体让她舒适。但对于李云泰来说，爱就是爱，如果只是贪图肉体，那么以他的身份和地位，在越南不难找到更美丽、更丰满的女性，但爱只能给爱的人。

这个故事最终以分别告终，杜拉斯还是更加迷恋白人的身份和优越感，她最终选择离开越南回到巴黎。李云泰也从了父母的愿望，娶了一个中国女人为妻。

在之后漫长的岁月里，杜拉斯结婚生子又离婚。突然有一天，她接到一个电话，中国口音一传过来，她就知道是谁——李云泰带着妻子来巴黎，辗转得到了杜拉斯的电话，于是忐忑又胆怯地拨了过去。他说他一直关注着她，知道她写了很多本书，是个作家。最后他说：“我和以前一样，仍然爱着你，无法扯断对你的爱，我将爱你至死。”

李云泰从来没有忘记杜拉斯，明明知道她要的是钱，还是如此执着地爱着。如果李云泰生活在今天，他在任何一个社交网络上发一段文字，问网友这样的女人该不该继续爱下去，网友们多半会回复：“她那么明显是图你的钱，在一起只会痛苦，及时止损吧。”

但我又想，李云泰是不会这样问别人的，他对爱的感知比任何人都强烈。他才不管别人怎么看，自己觉得是爱就好了，哪怕会面临痛苦。

说来不知是不是命运捉弄，杜拉斯66岁的时候，跟一个年仅27岁的年轻人在一起了。这一次，她是有钱的那个——写作为她积累了大量的财富，而那个年轻的男人，身无分文、没有工作，甚至喜欢同性。所有人都说，那个男人是看中了杜拉斯的钱。看上去的确是这样，杜拉斯带着他穿梭在各大上流场合，买名牌，去度假。

有时候杜拉斯也质疑，发怒的时候会喊出：“你在这里是为了我的钱吗？我什么都不会留给你！”但直到生命的尽头，这个年轻的男人都没有离开她。在她最后的那段时光，生活已经不能自理，全靠这个男人的照顾——喂她吃饭，帮她洗澡。

算一算，从他当她的情人开始，直到她死去，一共16年的时间。在这16年里，没有人看好他们，可杜拉斯还是爱下去了。她临终时已经说不出话，只能颤巍巍写了一张字条递给那个男人，上面写着：“扬（男人的名字），永别了，我走了，拥抱你。我爱你。请原谅我的一切。”

与李云泰在一起的日子里，杜拉斯从来没有说过“爱”。在暮年时分，反而能清晰坚定地判断什么是爱。或许正是因为这样，她才有勇气在70岁的时候写下《情人》，向世人揭开她曾经那段为了钱的初恋，真正去面对李云泰。

但那是不是爱，什么是爱，杜拉斯没有在书里写过，也从来没有对外解释过。但我们可以欣喜地发现，无论什么年代，总有人能清晰明确地知道自己拥有的是不是爱情，李云泰当初是这样，暮年的杜拉斯也同样如此。

不管别人怎么看，自己觉得是爱情就好，哪怕要痛苦一回。

幸福秘方

爱情有时是自己一个人的感受，爱了，就全情投入，别计较得与失。考虑结果、考虑别人的目光，只会让爱情变得不纯粹。这一生，总要不计后果地爱一回。

先爱自己，再爱别人

不知道有多少人说过“我不想爱了，只想好好爱自己”。但是，你确定知道该怎么好好爱自己吗？在生活里受挫，我们会知道如何成长。同样地，在爱情里受挫才知道什么对自己最好。爱自己，都是从爱别人的过程中学会的。

有个姑娘哭着跟我说：“我以后要好好爱自己，再也不想去爱别人了！”

姑娘喜欢一个男人很久了，大概从她刚毕业开始。男人是她步入社会后遇到的第一个成熟的男人，跟那些学生气未退的男同学不同，他意见独立而又强硬，从容又自信。大叔配萝莉，都让电影写成了金科玉律。不过女人对于处事机智利索的男人都有自然的好感。

这一喜欢就是四五年，这期间姑娘从来没明说过，多少有点腼腆矜持，不想主动捅破这层窗户纸，而且她一直被告知“谁先动心谁就输了”。于是她的方针政策是对男人好，好到有一天她不对他好了，他就心里发毛，忽然灵光一现发现自己爱上了姑娘，然后主动展开追求。

谁知道四五年过去了，那一现的灵光始终没出现，最后还是姑娘忍不住先表白了。谁先动心未必会输，但一旦伤害来了，她承受的必然比男人要大。

男人也没有拒绝，也没有说“好”或者“我也喜欢你”之类的，就这么默默接受了姑娘对他的一番心意，姑娘也就认为，他同意了，她恋爱了。事实上在外人眼里，他们也的确像是恋爱了，他们一起去吃饭，一起在周末看电影，一起逛街，可没人知道，每次都是姑娘主动的。

女：“咱们明天去玩吧！”

男：“行！”

女：“我订票！”

男：“行！”

女：“我发现一个好吃的地方，下班去吃吧！”

男：“行！”

女：“我订位子！”

男：“行！”

有时候姑娘也觉得累，就抱怨说：“下次约会能不能你来安排？”

他说：“我没时间！”然后就是长久的沉默，沉默到姑娘害怕会分手，就认㞞了。

有一次姑娘病了，发烧、咳嗽，第二天早起突然就失声了。她吓得哭都没有声音，第一反应是给男人发信息："我说不出话了，好害怕！"

过了五六分钟，对面才飘过来一行字儿："去医院！"

"你陪我去吧！"

"我早上有会。"

就这么几个字，像沉积了千年的冰雪，压在了姑娘的心口，寒丝丝得让人疼。她说就从那一刻起，她才知道他不爱她，是时候放手了。

于是她在医院等候叫号的时候，红着眼眶发了一条微信："我们分手吧！"

前面有20多个人，一一都看完了，轮到姑娘时，男人还没有回信。姑娘检查完，医生说是急性喉炎，给开了点药，让回家休养，不要着凉，不要吃辛辣生冷等刺激性食物，保持一个好心情。

别的都好说，好心情做不到，尤其是等不到回信的时候，就更难做到。

一直到晚上，姑娘喉咙像着了火一样灼热，恨不得吞下一桶冰块，但又疼得一点食欲都没有。这些都不难受，真正让她难受的是男人还没回信。"没回信是不是代表他也在挣扎，也在思考，也很难受！"她这么想。

可不一会儿，他发来信息，写着："我才忙完，刚看到你发的信息。如果你想好了分手，我同意。"

她忽然就绝望了，也慌了，怎么这么痛快就答应了呢？

难道早就想分手了吗？思来想去，一晚上就这么睁着眼过去了。第二天实在心焦，就问他：“你是不是早就想分手？”他回说：“是你先提的。”她说：“那我收回，我后悔了，不分了。”他淡淡地说：“别这样，都是成年人，好聚好散！”

“怎么好聚好散呢，谈恋爱有不生气的吗？生气了有不赌气说分手的吗？最后不还是会和好！怎么到我这就这么痛快呢？”

“你平静一下吧。”

姑娘说：“我就小作一下，你都不能包容吗？”

对方又不回话了。

后来她才明白，爱你，小作怡情；不爱你，就没有小作，一作就死。

就这么分手了，男人再没联系过姑娘。

姑娘哭着鼻子骂男人决绝，我倒觉得这是男人做得最好的一件事。其实从一开始，男人就应该拒绝姑娘，绝情一些，狠心一些，可最终他还是想享受一下姑娘给的爱和关怀，享受腻了，甚至不主动提出分手，就这么不理不睬的，就变成姑娘自己受不了退出了。

享受过了，还不担坏名声，男人果然很机智！

事情似乎就跟姑娘受的教育一样“谁先主动谁就输了”，正因此，姑娘身边很多人劝她：“下次别这么主动了，要学会衡量，付出少一些，爱自己多一些。”

爱自己和不主动像是两个问题，但似乎又是一个。

应该爱自己，这没毛病，但怎么才算是爱自己呢？

姑娘给出的答案是：“少付出一些，更多时间和精力留给自己，让自己更好、更优秀、更有自信。”

我问她：“在这件事之前，你知道如何爱自己吗？”

她想了很久，最后摇摇头。

这就对了，在没有爱过别人之前，在没有掏心掏肺付出之前，怎么可能知道要留给自己更多一些呢！

前任留给我们的除了讳莫如深的痛苦，更多的还是自我成长的动力，比如女孩子更懂得打扮自己、工作上更努力、更有自信。女权主义者大概不高兴，凭什么要被男人伤害后才奋发图强，女人应该不附着于男人，应该独立。

都对都对，但不得不承认，在感情上受挫的女人，更有动力去经营自己，先是希望自己配得上男人，然后才是希望男人能围着自己转，最后才是独立自强，这是个从走到跑再到信步自在的过程。

更何况，男人也是这样的。不是都说女人是男人最好的学校吗，挂过科的男人更懂得怎么赚学分，被女人伤害过的男人更懂得怎么变强大。

无论如何，我们慢慢变好了，这就是所谓的爱自己，可这些，不都是从爱别人的过程中学到的吗？

再说不主动，也就是少付出。

徐悲鸿人人皆知，他的妻子蒋碧薇可能就没多少人知道了。

蒋碧薇是个大户人家的小姐，徐悲鸿娶了她算是高攀。既然门不当户不对，蒋碧薇的家人自然是反对他们在一起的，可蒋大小姐跟徐悲鸿私奔了，罪名可不小。

二人先是流浪到日本，又辗转去了巴黎。徐悲鸿的大部分日子是穷苦潦倒的，蒋碧薇只能放下身段去做女工。哪知道徐悲鸿心猿意马，移情别恋，对蒋碧薇始乱终弃，于婚后26年，当蒋碧薇已是中年妇女之时，他在报纸上刊登了离婚宣言。

在此之前，蒋碧薇已经知道婚姻不保，也早已对这孤独的婚姻感到疲累，但要结束时也难免悲伤。

不过之后没多久，蒋碧薇接受了张道藩。张道藩也是个有才情的男人，曾经是徐悲鸿的学生。

在蒋碧薇和徐悲鸿没有离婚前，张道藩就跟蒋碧薇表白过，被蒋碧薇拒绝了，后来他娶了法国女人苏珊。蒋碧薇离婚回国后，张道藩恰好也在国内，苏珊和女儿留在法国，他对蒋碧薇的爱火又重燃了，跟心爱女人共度余生是他的毕生所愿。

但不能跟苏珊解除婚姻，她又没犯什么错，而且蒋碧薇也不希望他这么做。就这样，之后的十年里蒋碧薇与张道藩在国内当起了有实无名的夫妻。

按照大多数人的逻辑，结束了那样痛苦的一段感情后，是很难再投入、再付出的，起码是胆怯和恐惧的。蒋碧薇起初也这么认为，她说：“我曾有过这样的想法，自从我被悲鸿遗弃以后，如果没有和你这一段爱情，也许我会活不下去。然而在这二十余年缠绵悱恻的生活里，多一半的时间我都在自怨自艾。为什么还要重投情网，自苦苦人？”

但蒋碧薇还是全身心投入了，一点都没有保留，既没有被动，更没有少付出一些。十年之后，苏珊要带着女儿回国，蒋碧薇知道后，写了一封绝交信给张道藩，说二人不要再联系，希望张道藩能好好跟妻女过以后的人生，说“容我将你的躯体关闭在门外，而把你的影子铭刻在心中”。这之后，蒋碧薇真的就断了和张道藩的一切联系。

人们说她真傻，吃过亏还傻乎乎地付出，可她认为全心全意投入一段感情是对爱情起码的尊重，更何况身处其中时她真的是幸福的，于是最终被迫选择离开时依旧是心存感激的。其实无论是不是深受其害，对每一段感情都抱有“不会分开”的想法去投入，才能真正学会成长，知道如何爱自己，全心全意去爱。这样反而比计算得失、平衡付出和回应要轻松许多。

幸福秘方

爱情是人生的必修课。我们都是一步步学会去爱的。在一段感情里，我们往往会迷失了自己，看低了自己。不要盲目地爱，也不要糊涂地爱。爱是举案齐眉的尊重，是两情相悦的美好，是彼此不依不舍的牵挂。如果爱，请深爱。

爱对了人，每天都是情人节

在对的时间、对的地点，遇上那个对的人。这也许是很多人对于爱情的向往。诚然，爱上一个人很容易，爱对一个人很难。用心寻找，也许你的真爱就在下一个路口等你。

有一档名人读信的节目叫《见字如面》，他们一本正经、深情款款，需要对信件人物做出感应，需要扎实的台词功力，在短短的几分钟里演好一个写信的人。

那些书信，是写信人用心良苦、斟酌过的每一个字，是读信人一遍遍地翻阅，是跨越时间鸿沟扑面而来的挚爱箴言。

听完后发现，只要爱对了人，情人节每天都过。

我们相爱，已经十万年

在《见字如面》的第一期里，王耀庆读了一封画家黄永玉写给曹禺的一封信，里面提到：

“诗刊朋友向我要近作，而目下毫无诗意抒发，将信将疑从匣中取出这首给他看，却说好。人受称赞总是高兴。但这诗不是好，是公开的私事满足了人的好奇心而已。不过我老婆是衷心快意的，等于手臂上刺着牢不可破的对她的忠贞，让所有的朋友了解我当了36年的俘虏的确是心甘情愿。歌颂老婆的诗我大概可以出一个厚厚的集子了，只可惜世界上还没有这么一个经得起肉麻的出版社。说老实话，真正地道的情诗、情书、情话，怎么能见得人？”

黄永玉说他被妻子俘虏了，被俘得心甘情愿，而且他说了一辈子的情话，都只能由他爱的人看，旁人看了，怕是觉得羞赧。

也是的，他即便是被抓去住了三年牛棚，过了三年劳动改造的屈辱日子，也还是不忘给妻子写信，且信里只有爱意，没有苦涩——他希望给妻子打造的世界永远是单纯没有伤害的。

《老婆呀，不要哭》节选

曾经有这样一个秋天，
这是一个隆重的秋天，
一个为十八岁少年特别开放的
飞舞着灿烂红叶的秋天。
你，这个褐色皮肤
大眼睛的女孩，
向我的窗户走来。
我们在孩提时代的梦中早就相识，
我们是洪荒时代

在太空互相寻找的星星，
我们相爱已经十万年。
我们传递着汤姆·索亚式的
严肃的书信，
我们热烈地重复伊甸园一对痴人的傻话，
我们在田野和丛林里追逐，
我们假装着生气而又认真和好，
我们手挽手在大街上走，
红着脸却一点也不害羞。
你这个高明的厨师，
宽容地吞下我第一次为你
做出的辣椒煮鱼，
这样腥气的鱼，你居然说“好！”
我以丰富的贫穷和粗鲁的忠实
来接待你，
却连称赞一声你的美丽也不会。

爱情让老去的心变得少女绯红

2017年2月2日播出的《见字如面》中，归亚蕾读了黄宗英写给冯亦代的信。信里说情人节应该写封信、寄张卡片写几句悄悄话，但报纸上刊登了她与冯亦代互通的书信摘要，竟然不好意思提笔写了。她称呼冯亦代是二哥，冯亦代称呼她是小妹。谁能想到，这样年少害羞的语气出自年迈的老人。是的，这二人在成为伉俪时，黄宗英年近七十，冯亦代则八十高龄。

原来爱情能让老去的心重新跳出少年的节奏。

小妹亲爱的：

想你，想你，想你……清晨，我四点半不到就醒了，再也睡不着，似乎我听到你在轻声叫我，于是我就想你。现在我才感到当巨大的幸福来临时，一个老年人真是无法表达的。昨天我刚把一篇给《读书》的文章写完，报纸就来了，还有你的信，不知怎的，我的心竟会怦然颤动起来。于是我急急地把信打开。我真想大叫一声，大笑一场，或者大哭一场，因为喜极也可以悲的，我不相信我的眼睛，幸福之感突然来临，我怎能不大叫大喊、大笑大跳呢？可是我只能坐在转椅上，看着你上封信寄给我的照片。

……

小妹，你知道我是多么的想你的吗？两地相思是好事，因为这思念是十分真诚的。

吻你，亲你，拥抱你，for ever。

二哥

1993年5月1日晨

二哥老师：

二哥，你老是怕我变，我老是怕你病。我甚至想，如果我真的“不止亲一亲”，你的血压就“倍儿”地升高，升高，我吓煞哉。你现在持续烈焰般地为我燃烧，我也提心吊胆。咱们平静些好不好？首先你定心，在我们的有生之年，小妹是你的定了。我只依然还是赵丹夫人而已，你是大洋，你有博大的胸怀，摆脱旧传统观念，此外，没人会抢走你的小妹。所以我要求你我降温，像老夫老妻那样平和地相处，让我们的相爱使你益寿延年，使你创造一生事业上的高潮，使你享受从未有过的宁静的温馨的幸福。

你的小妹

1993年5月7日

我是爱人至上主义者

朱生豪还没有出现在《见字如面》中，但我想是迟早的事，这世上最肉麻的话，都被他讲给了宋清如，导致后人再说什么都觉得是隔靴搔痒。

阿姐：

不许你再叫我朱先生，否则我要从字典上查出世界上最肉麻的称呼来称呼你。特此警告。

你的来信如同续命汤一样，今天我算是活转过来了，但明天我又要死去四分之一，后天又将成为半死半活的状态，再后天死去四分之三，再后天死去八分之七……直至你再来信。如果你一直不来信，我也不会完全死完，第六天死去十六分之十五，第七天死去三十二分之三十一，第八天死去六十四分之六十三，如是等等，我的算学好不好？

……

我们都是世上多余的人，但至少我们对于彼此都是世上最重要的人。

我一天一天明白你的平凡，同时却一天一天愈更深切地爱你。你如照镜子，你不会看得见你特别好的所在，但你如走进我的心里来时，你一定能知道自己是怎样好法。（这是一个很古怪的说法，不是吗？）

一切不要惶恐，都有魔鬼做主。

我真的非常想要看看你，怎么办？你一定要非常爱你自己，不要让她消瘦，否则我不依，我相信你是个乖。

接到你的信，真快活，风和日暖，令人愿意永远活下去。世上一切算什么，只要有你。

我是，我是宋清如至上主义者。

人去楼空，从此听不到“爱人呀，还不回来呀”的歌声。

愿你好。

在梦里给你写了一封信

这封信，我从前讲过，原谅我又一次旧事重提，是因为天下最无奈深刻的眷恋，恐怕就是话未尽而人已死。不像前面那几封信，虽然相隔万里，不常见面，但有来有往，起码知道对方是可以读到的，于是再清苦的遭遇都能化成爱情的考验，从而被珍重、被镌刻，而这封信，写不完，也寄不出。

写信的是清朝文人黎简，信的内容只有八个字：

“家贫出门，使卿独居。”

不是没话讲，是还没写完就从梦中惊醒了。

“卿”是梁雪，黎简死去的妻子。梁雪体弱多病，常年吃药，连屋子都取名叫“药烟”。即便如此，她还是尽其所能来操持家务，好让黎简放心在外做事。越是这样的善解人意，黎简越是觉得愧疚——自己贫寒，只能出门赚钱，与妻子聚少离多，家中琐事都不能顾及，这让妻子羸弱的身体更加不堪，或许是因为这样才早早去世的。

梁雪入葬那天，黎简放了一枚铜印在棺木里，上面刻着“长毋相忘”。

两年之后，黎简终于在梦中见到梁雪，只可惜没有形态，只有一个场景：

梦中他还在外打拼，有个朋友要回家，他便托朋友带封信给家中的梁雪，谁知道提笔刚写了八个字梦就醒了。

醒后悲痛袭来，他喃喃道：“明明梦到了你，却看不见你的容貌，还不如没梦到，更何况我一向多病，睡眠很少，做个梦很不容易！”

索性提笔作诗，尽吐相思：

一度花时两梦之，一回无语一相思。

相思坟上种红豆，豆熟打坟知不知？

老夫老妻，话不缠绵，心意都在

2017年2月9日的《见字如面》，王耀庆读了一封抗战国军悍将胡琏的家书，其中有一封写给妻子：

“我今奉命担任石牌要塞守备，原属本分，故我毫无牵挂。仅亲老家贫，妻少子幼，乡关万里，孤寡无依，稍感戚戚，然亦无可奈何，只好付之命运。诸子长大成人，仍以当军人为父报仇，为国尽忠为宜。战争胜利后，留赣抑回陕自择之。家中能节俭，当可温饱，穷而乐古有明训，你当能体念及之。十余年戎马生涯，负你之处良多，今当诀别，感念至深。兹留金表一只，自来水笔一支，日记本一册，聊作纪念。接读此信，亦悲亦匆痛，人生百年，终有一死，死得其所，正宜欢乐。匆匆谨祝珍重。”

大战将即，胡琏面对的是“二战”中规模最大的白刃之战、中国的斯大林格勒战役——石牌要塞之战，敌人是参加过南京大屠杀的日本最精良的部队。石牌要塞守护中国西北，一旦被攻破，西北沦陷就在须臾之间。

在开战之前，胡琏让所有人都给自己家人写了遗书，他也写了几封，分别寄给了父亲、妻子和其他重要的友人。

妻子是将门千金，仁义礼智、忠孝节义都是懂的，所以胡琏没有说什么软绵绵的情话，只是表达了尽忠之心。可话说到最后，还是忍不住说一句“负你之处良多”，最后能做的就是还妻子一个自由之身，让她在抗战胜利后，留在夫家也行，回娘家也可。

更重要的是，不要悲伤，因为为夫死是痛快的，一点都不伤感。话一点都不缠绵，心意却都传递完全。

夫妻之间，恐怕更多是胡琏夫妇这样，朴实又低调地由爱侣变成家人，恋情升华为默契，没说的，你也都懂。

幸福秘方

爱情是多么美好的字眼，它让人为之痴狂。身高、年龄、金钱、地位，都无法阻挡爱情的到来。浪漫的书信在今天看来是多么奢侈的爱的表达，而这些书信里承载着时间的过往，让我们看到了两颗心慢慢靠近的过程。给你爱的人写一封信吧，让你们的爱情在时光中留下最美的印记。

不要以为“只要结婚就会好的”

把婚姻当成福利，必然会轻视对婚姻的责任和经营。把婚姻当成规避风险的手段，一定会对婚姻失望并充满牢骚，到最后互相憎恶。然而没有结束一段关系的勇气，只好苦苦支撑，最后就会变成了一声叹息。

《欢乐颂》第二季播出后，最让人觉得不可思议的就是樊胜美的变化。第一季尚能看到她的独立好强，隐隐觉得她有“老娘要扭转乾坤，老娘能独当一面”的气势，第二季跟王柏川确立恋爱关系后，就完全变成了想靠婚姻来改变人生的寄生人。

相比起其他四美，樊胜美似乎的确更需要一个强大的男人来改变人生轨迹。同样是过年，安迪在海边度假，曲筱绡在国外谈生意赚钱，关关在父母以及整个家族的关爱下相亲，小蚯蚓在家里吃团圆饭，顺便跟应勤享受暧昧。而樊胜美穿不了在大都市穿的名牌衣服，只能换上粗糙的家居服来做家务，照顾瘫痪的父亲和年幼的侄儿，最惨的是要听母亲不停施加压力“让你哥回家吧”。

其他四美也都有自己的糟心事，安迪失恋了，曲筱绡有个不认她的奶奶，关关不想相亲，但她们的问题都有更美好的解决方式，只有樊胜美不堪重负，且羞于启齿，无法分享内心对于负担家庭的厌恶和逃避。

一旦原生家庭成为不幸人生的罪魁祸首，就很难找到其他渠道来进行改变。摆在樊胜美面前的似乎只有一条路，就是赚钱，但这钱怎么赚呢？嫁给王柏川，同时希望王柏川飞黄腾达。

不可否认，樊胜美为了赚钱正在努力，她跳槽到投资公司，做了高级理财顾问，为的就是多赚一些钱。但她认为靠自己是完全不够的，或者说靠为别人打工是不够的，她必须有一个就算不是豪门也起码是中产阶级的老公才能彻底翻身。

于是她把改变命运的希望都放在王柏川身上，就连曲筱绡和安迪也都这么认为。曲筱绡跟王柏川说：“你要想娶樊大姐，怎么能不赚点钱呢？”安迪宽慰起失望的樊胜美来，用的也是差不多的理由：“你身边还有王柏川啊。”

王柏川也自觉自愿扛起了这个重担，他承诺樊胜美会在上海买房，会给她好生活，会改变她现在的生活窘态。从此樊胜美内心的尺度都游离在王柏川的事业成与败之间，生活的喜怒哀乐也都与此有关。

看着别人买房，她的第一反应不再是自己努力，而是埋怨

王柏川：“90后都买房了，王柏川而立了，儿子都立不起来，外表光鲜有什么用？”要么就是：“我就是知道他已经努力了，所以才觉得自己前途堪忧。”

王柏川一开始还信誓旦旦，当意识到这些抱怨之后，就有点受不了，最直接的后果就是撒谎。

样品没通过，他担心樊胜美失望、不高兴，所以怂恿安迪跟他一起撒谎，就说样品通过了。当得知真相之后，樊胜美的反应完全在观众的意料之中——她不仅抱怨王柏川，甚至迁怒于安迪。

安迪此时有些不明白，为什么樊小妹会把自己的人生放在另一个人的肩上，为什么她看中这个人事业是否成功要胜过看重这个人的品质。

安迪有权利这样质疑，她并没有站在“何不食肉糜”的不知人间疾苦的高度，她本身是一个从苦难中挣脱并自立自强的女人，所以说出这种话的时候，代表人生是可以有另一种方式改变命运的，那就是自己。

当然，年少时境遇不一样，努力的程度不一样，已经决定了现在安迪和樊胜美社会地位上的差异，这个时候再让她靠自己努力似乎有些残酷。

我们并不能否认，对于婚姻我们是有私心的，就像张爱玲在《倾城之恋》中写的那样，婚姻是一个自私平凡的女人和一个自私平凡的男人之间的你拉我扯。我们都想着通过婚姻能得到点什么好处，比如结婚了就有依靠，结婚了能繁衍后代，结婚了可以一起分担痛苦和责任……人都是趋利动物，熙熙攘攘奔向好处是无可厚非的。

但这并不代表着可以放弃自己的努力，完全寄生在别人的生活里。从小就有人教育我们，不要把鸡蛋放在一个篮子里，生活的权利也同样如此，你可以放在爱人的篮子里一部分，也要放在自己的篮子里一部分。同样地，你的篮子里也得放着爱人的一部分鸡蛋。

全压在一个人身上，最终使对方情感上失衡，认为你重视我的事业超过重视我，就像王柏川一样，会质疑你到底爱的是我，还是我身上有改变你人生的可能和希望；你到底是爱我，还仅仅是需要我。当然，一段平等平和的感情，这些同时出现都是不冲突的，但一旦失衡，就都变成了尖锐的矛盾。

有个姑娘说男友太花心了，外面起码有三个暧昧不清的女闺密，其中有一个还是前女友。

暧昧到什么程度呢？他和前女友共同养了一只猫，分手后猫就留在了前女友那里，在之后无数个日子里，男友都以猫没猫粮，需要他买了送去为借口跟前女友见面。

姑娘问：“你前女友没钱买猫粮吗？”

男友说：“当年是我提议收养这只猫的，我对它有责任。”

“那你拿回来，我们一起养。”

“不行，她（前女友）把猫当成孩子。”

渣男就是有无数种看上去温情又有爱心的借口来藕断丝连。

其他两个女闺密，有一个也养猫，三天两头给他发微信问一些养猫的问题，聊到兴致大发还会约个见面——“我家猫不知道最近怎么了，不吃东西，你来看看”。这个男人就屁颠着去了，待到晚上才回家。

姑娘说猫病了有兽医，叫你算怎么回事。男友说，朋友嘛，今天我帮了她，她明天也会帮帮我。

另外一个，倒是不养猫，但经常会跟姑娘的男友吐槽，“我男朋友要像你一样体谅我就好了”“你比我男朋友温柔多了”……要命的是男友的回应：“那要不要和我在一起啊！”然后是一个坏笑的表情。

姑娘为这事生气过，哭过，闹过，问他到底跟这几个女人什么关系？你要爱她们，咱俩分手，你去跟随便哪个过日子。男友说，我不爱啊，爱怎么会跟你在一起？

“那你跟那女人说，要不要和我在一起，什么意思啊？”

“我和她认识十年了，一直都这么开玩笑的，你想太多了。”

然后男友一定会给姑娘扣上一顶“你无理取闹”或者“你太敏感”的帽子。渣男都一个套路，私心被昭然若揭，就气急败坏地要把屎盆子扣在女人头上。

姑娘有一天急了，说咱们分手吧。男友说："别，你既然这么不放心，我们结婚吧。"

姑娘一想，也对啊，结婚了就应该收收心了，那些女的也就不会死贴着有妇之夫了，总该收敛了吧。

一咬牙，婚结了，一开始还好，可很快死灰复燃，女闺密们换成了女同事，或者女性朋友，总之没有张三李四，就有王五赵六。

不仅是女人，我也见过男人有过"结婚就会好的"想法。

他跟我说要结婚的时候，是在跟女友恋爱六年之后。他结婚的理由是，现在谈恋爱越谈越淡，再谈下去就该分手了，不如结婚算了，毕竟还是有感情的，就当冲喜了。

什么？你结婚不是因为想和她过一辈子，只是觉得这段感情像一段鸡肋，嚼着也没什么意思，扔掉又有点可惜？

结婚成了他拯救无聊感情的一种方法，而不是释放感情和置放感情的一个出口。

婚后，他无数次说过后悔，说婚前无聊的，婚后更加无聊。那怎么办呢？日子还得过下去，不能离婚啊，因为没有任何实质性的矛盾啊，不如生个孩子吧，生了孩子就会好的。

积极准备了半年之后，他如愿以偿当了准爸爸。今年孩子诞生，是个漂亮的公主。他真的好喜欢女儿，怕孩子皮肤敏感，买的是尿布，而不是纸尿裤，每天吭哧吭哧洗一大盆；因为母乳不够，女儿要喝奶粉，他冲奶的水温都是测量过的；晚上起夜喂奶，哄孩子，他也都心甘情愿。

但他说，能怎么办呢？现在除了女儿，没有别的情感寄托，不然总跟老婆吵架，没有一天消停日子。

那当初何必一定要结婚呢？

他还是那句话，没什么大矛盾值得分手，大部分人的日子不都是这么平淡吗？凑合凑合就是一辈子。

也有那些被家里逼婚的，就想赶紧结婚，以为结婚就是电视剧里的完美结局，就是人生新的起点。可一陷入婚姻，就发现自己根本没有做好准备，一下子面对两个人、两个家庭的琐事，脑力不够用，经济也不给力，负担一堆，甜蜜的时候很少。

我没有控诉婚姻，也没有觉得功利一点有什么问题，但认为很多事情自己都没理清楚，就抱着“结婚就会好的”想法步入婚姻，是对自己和别人的不尊重。

电影《一念无明》中余文乐扮演的角色之所以会精神崩溃，多半缘于他的母亲是把结婚当成拯救自己命运的手段。

他的母亲曾是内地的大家闺秀，家里不缺钱，从小养尊处优。内地革命后，她一家人到了香港，家族没落。她想留在香港，就嫁给了曾志伟饰演的丈夫。这个男人是个中港货运司机，一开始赚的算多，但慢慢就变成了要淘汰的行业，家庭收入也变少。

经济受到了冲击，母亲最先垮下。她的垮是通过不断重复后悔嫁给曾志伟、曾志伟没出息、自己曾经多么美丽风光、应该有更好的人生来体现的。

到最后，曾志伟不得不出门赚钱，一去就很少回家。这个时候，母亲又开始抱怨丈夫不回家，认为他抛弃了自己，抛弃了两个儿子。加上意外，腿脚又有问题，整日瘫在床上，就更加不平衡，渐渐变得尖酸刻薄，失去理智。

她又将这种失望像传家宝一样传给了余文乐，导致余文乐精神世界的坍塌。

把婚姻当成福利，必然会轻视对婚姻的责任和经营。把婚姻当成规避风险的手段，一定会对婚姻失望并充满牢骚，到最后互相憎恶。然而又没有结束一段关系的勇气，只好苦苦支撑，最后变成了一声叹息。

幸福秘方

婚姻应该是一种关系的水到渠成，是两个人认为除了在一起过完一生，再也想不到更幸福的选择；是两个人做好了一起面对生活琐碎的准备，并互相鼓励支持；是一想到从此之后，不会孤独地存活在地球上，就感到庆幸；是过着过着就忘记了计算得失。婚姻不是终点，而是方向，驱使我们想更好地活下去，更舍不得死。

往前一步是幸福，退后一步是孤独

从爱情到婚姻，总是需要些许勇气的。爱情本就脆弱，婚姻经营起来更难。这就需要两个人肩并肩、手牵手，一起去面对。大胆、笃定地迈向婚姻的殿堂，这个力量别人给不了。

《大话西游之大圣娶亲》重映，演到片尾，开始出演职人员表，观众们一如往常纷纷离场，但当《一生所爱》响起的时候，许多花絮跳出在大银幕上，离场的人们站住脚，找了就近的位置坐下，听完了整首歌。这期间不住有人跟着哼唱，三十多岁人们的面孔又变成了少年。

旁边有个爸爸带着女儿来看。女儿不满地说：“这有什么意思！”爸爸没有说话，当“苦海翻起爱恨”唱起时，他跟着唱到了结尾。

《西游降魔篇》上映的时候，柴静访问周星驰：“什么时候结婚？”

周星驰苦涩地笑笑说：“还有机会吗？”

他再拍“西游”，剧情主题已经完全不同，他却没有按录音师的建议，重新写主题曲，而是仍然沿用《大话西游》中片尾曲《一生所爱》的歌词。只是加了一句“从前直到现在，爱还在”。

柴静：“为什么你改动了这个，你把它歌词改了？”

周星驰：“那里太过绝望也不好，就是有一点点希望，就绝望当中有一点点希望，是吧？”

柴静：“你知道你本来是一个可以很轻而易举得到你所想要得到东西的人，在人们看来是这样的。”

周星驰：“不一定，怎么会呢？我都运气不好。”

柴静：“不是吧，曾经有一段真挚的感情放在你面前，你没有珍惜而已。”

周星驰：“嗯，我觉得是运气不好。”

我们都知道，柴静说的那段真挚的感情是朱茵。

从各种琐碎的娱乐新闻里我们大概知道，周星驰和朱茵相爱于1992年的《逃学威龙2》，终结于1995年的《大话西游》。

至于为何分手，揣测最多的是莫文蔚的介入，但三人从来没有承认过。不过在外界看来，朱茵的确是受到了极大的伤害，否则不会在记者会上失声痛哭，大骂周星驰：

“周星驰太花心了，在这三年半的时间内，我流过的眼泪实在太多了，受的痛苦也太深了，总之人生恋爱应该尝到的喜怒哀乐，我已经全都尝过了。每对情侣都有可能发生矛盾，我发觉大家需要透透气而重新发现对方，毕竟两个人钻牛角尖钻得太厉害是不好的。我们分手的原因，主要是我觉得他暂时不适合恋爱，在爱与痛苦的天平上，痛苦的比重太大了。”

“他硬要把感情往地下发展，也是我难以忍受的原因，这种掩藏的感觉太难堪，没有尊严，根本不人道。”

至于周星驰，没有出声，大概是一种变相的默认，也是一种自我惩罚。之后很久，在一个寒冬的夜里，他去台湾出席活动，晚上回到酒店被告知：“朱茵也住在这里。”他说：“我等她。”然后坐在两部电梯对面的沙发里，目不转睛地盯着电梯门。不晓得过了多久，朱茵的助理从里面走出，对周星驰说：“她不会见你的。”

周星驰没有像《大话西游》片尾中那样借夕阳武士的嘴巴说出：“我这辈子都不会走！”相比起爱情，他还是更喜欢自己，所以他之后接受柴静采访时，说：“如果有再来一次的机会，我不会让自己那么忙”“想多点时间做想做的事”“一万年太久了，要马上去做”……

但在跟朱茵相恋的时光里，这个更爱自己的人还是期待过婚姻。他跟刘镇伟说：“我好想跟这个女孩子结婚！”刘镇伟大惊：“你这么爱自己，居然想要结婚！”

分手之后，他以一种外界不知道的方式痛苦着。刘镇伟说：“他很痛苦，分手后他不断找我，让我一定要给朱茵多一些机会。”

当周星驰头发花白时，记者问及《逃学威龙》系列的问题，说有什么难忘的回忆。周星驰手里拿着《逃学威龙2》的光碟，思忖片刻说：“坦白说，难忘的只有朱茵一个。”之后又立刻解释说：“她是一个……好演员，还有……美女，她作为一个新人来说，我都感受到一点压力，因为她的演技在我之上。”眼里泛起一种难挨的凄凉。

朱茵结婚了，还是嫁给了她心中的盖世英雄，只是那个人不是周星驰。分手后的日子，她过得也苦。她说整整三年都没法谈恋爱，而之后的十几年更是不能原谅周星驰。直到黄贯中出现。

黄贯中对她表现出极大的耐心和包容，更重要的是，他肯承认她，他曾说：“知道为何我一直那么倒霉，做任何事情都要比常人付出更多的努力吗？因为我的运气，全都用在朱茵身上了。”

最终他为她披上了嫁衣，她这才完全释怀，选择对过往的放手和原谅。她现在好幸福，会说“在我眼中没有男人可以做到像他这样好”。有这样认可她的男人，她反而想走在男人身后，而不是像当年那样，一心要被周星驰公开。“我以前脾气很坏，但是我后来学会了一点，让男人走在前面，这是因为我老公我才学到的。”

原来有安全感的爱，是可以让人重生的。

只是周星驰，55岁，却陷入了“我还有机会吗”的泥沼中，不得不转身，孤独前行。大概一直到现在，他还是更爱自己。但跟旧爱，或许还是有些遗憾与不甘。《南都娱乐周刊》采访他时问：

“你为什么总是安排剧中人物在落魄的时候得到爱情呢？”

“因为最惨的时候爱情显得更加重要，此时的爱情可以帮助人渡过很多难关。爱情曾经挽救了我，也帮我找到我的理想。”

“你自己会选择一个有遗憾的爱情，还是平平淡淡的爱情？”

“我个人认为，爱情动人的地方就在于刚刚说的不平常的遗憾这些。开心快乐也是爱情的一部分，但是它动人的地方恰恰也包含着无奈、伤心。”

“所以你还是倾向于一段有遗憾的感情？比如求而不得！”

也许早在十几年前，他在《算死草》中就表达了这种观点：

“我很孤独，用英文怎么讲？”

“I love you！”

幸福秘方

爱情就是奋不顾身，如果太爱自己，就会在爱情面前举步不前，那么，也只能迎来一份孤独。爱情和婚姻都需要经营，当我们学会享受其中的酸甜苦辣，也就会变得更加圆融变通，更懂得生活，更能体味幸福的滋味。

也曾真心真意付出，就应该满足

有时，爱是因为有遗憾才刻骨铭心。其实，能够清醒地意识到两人不合适，分开会比继续爱更舒适。所以虽然会有遗憾，但想想曾真心真意付出，就应该满足。

“我还是真的期待有人追，何必在乎我是谁”，林忆莲“女子心事代言人”的形象，就是从这首歌建立起来的，那年是1993年，她27岁。

在此之前，她出了十五张唱片，也在红磡开了演唱会，但反响都没有这首歌的同名专辑来得火热。这张专辑为她拿下“叱咤乐坛流行榜颁奖典礼”叱咤乐坛女歌手银奖，还让她一年中举办了十几场演唱会。

人们都说，这一切都要归功于专辑制作人李宗盛。

是的，在没有遇到李宗盛之前，林忆莲也是个会唱歌的人，但那时她的歌所有人都能唱，但遇到李宗盛之后，林忆莲的歌只有林忆莲能唱，其他人不管唱功再强、技巧再娴熟、高音再漂亮，也唱不出林忆莲的寂寥。

我喜欢用“寂寥”这个词，就像一处空旷无边的地平面，你想张嘴说话却不能出声，人类的至极寂寞，就是大而无声。然而林忆莲，却把这种感觉唱了出来，从此寂寞多了一种表达方式。正由于能表达，别人能接收到，寂寞也就不那么寂寞了。这就是林忆莲的过人之处。

也许真的是命中注定，李宗盛是个善于用音乐一针见血道破人类复杂情绪的人，林忆莲又如此精明于领会，他们在音乐上简直是一拍即合，合作新鲜却默契，充满了一见如故的亲切感。人是最容易对一拍即合动心的，林忆莲如此，李宗盛也是如此。

于是关于二人热恋的消息，伴随着《不必在乎我是谁》这张专辑的热销开始。说到开始，媒体认为可以追溯到二人在1992年同台演唱《当爱已成往事》，但我觉得爱情的开始很难追根溯源。

不过热恋，对于他们来说并不是件好事，因为李宗盛当时有妻子，也曾经刻骨铭心。这种桥段太恶俗了是不是，可爱情来了，就像

死亡一样挡不住。

林忆莲先选择了任性追随，之后又在如山的舆论压力下溃逃，独身飞往加拿大疗伤。据说，李宗盛一路追了过去，却吃了林忆莲的闭门羹，他在门外等了一夜，吹饱了寒风，于是便有了那首《为你我受冷风吹》。

这次之后，李宗盛离婚了，跟林忆莲结婚，并育有一个女儿。人们还不忘指责林忆莲破坏他人家庭、李宗盛喜新厌旧。

其实早在林忆莲出现之前，李宗盛的第一段婚姻就已经名存实亡，只缺乏一个彼此转身的借口。后来他的前妻朱卫茵在自传里写道："离婚应该是两个人各打五十大板，我以前真的不是成熟的老婆。"说起林忆莲，她说："我并不怪她。"

事实也证明，这段婚姻是和平结束的，在之后漫长的岁月里，朱卫茵依旧支持着李宗盛，保持着亲人一样的联系。2013年9月28日，李宗盛在台北小巨蛋开演唱会，朱卫茵到了现场，她说："我是他最大的粉丝，对这场评价非常高，他是为自己见证历史！"

可事情并没有朝着白头偕老的方向奔去，2004年李宗盛和林忆莲发表声明，表示二人结束了六年的婚姻生活，恢复了单身。

为什么在大家停止批判转为祝福的时候，两人却选择了结束？媒体说李宗盛想到北京发展，林忆莲却执意留在香港。只是因为这样吗？婚姻什么时候简单到可以一言以蔽之了？怎样开始不知道，同样地，如何结束也很难说得清楚。或许就像他在《阴天》里写的那样："感情说穿了，一人挣脱的，一人去捡。男人大可不必百口莫辩，女人实在无须楚楚可怜，总之那几年，你们两个没有缘。"

没有缘，说得清楚，但不代表不痛苦。从那之后，林忆莲对李宗盛这个名字绝口不提，就连女儿也独自抚养，显然分开得不那么愉快。而李宗盛销声匿迹了许久，等到再出现时，已是一头白发。

2015年1月，李宗盛在上海开演唱会，与陈淑桦、潘越云等女星现场连线合唱，待到《当爱已成往事》响起时，大屏幕上跳出林忆莲的照片，李宗盛看到后瞬间哽咽，用手捂着脸，很久才断断续续唱下去。

唱完后他说："我没有很喜欢上海，因为我在上海失去了很多东西。"当年他们就在上海选择分开。

对于林忆莲来说，这段感情的伤害也格外深刻。在很长一段时间内，她说无法接受婚姻，只能沉溺于工作里，于是在2004年到2014年，林忆莲都非常活跃地站在舞台上——《本色》《呼吸》等专辑，以及一年几场甚至十几场的演唱会。

所幸的是，林忆莲有了新的爱人——恭硕良，同样是一个音乐才子，比她小11岁。2011年，二人相恋，时至今日，不断有媒体说他们二人已经结婚，但林忆莲都没有正面回应过，只是在2015年，她说不想结婚也不想再生儿育女，和李宗盛的分分合合可能早已成为过往，但那段感情留下的后遗症却十分持久。

十几年过去了，年近六十岁的李宗盛始终一个人，孤独地在音乐里前行。2008年，鲁豫问他一个人生活有什么问题，他说："我觉得一个人的时候最大的害怕就是受不了寂寞，我将来可能会有很长的一段时间都是这种状态。我现在正在练习的是不让寂寞变成我的致命伤。"如今，也不知他是否已经适应了，是否真的做到了"我们的爱若是错误，愿你我没有白白受苦。若曾真心真意付出，就应该满足"的领悟。

而林忆莲在一场重要的音乐秀上，面对几亿观众，她首战选择了《不必在乎我是谁》，其中滋味恐怕也只有她自己能完全参透。毕竟爱与痛苦，在别人身上是故事，在自己身上是难言的命运。

幸福秘方

爱情来时，让人猝不及防。爱情如甜蜜的糖，总让人幸福满满。然而，婚姻如人饮水，冷暖自知。不是所有的爱人都可以百年好合，也许两个人只能一起走过一段人生路，那么，不管发生什么，都感恩对方曾陪自己度过一段美好的时光。

“为你好”是一件需要克制的事

为什么你对别人说“为你好”的时候，对方会抗拒？你觉得明明说得很现实、很有道理，他却偏偏不听？因为你太着急、太过分地希望他按照你的意愿生长，忘了尺度和程度。其实，“为你好”是一件需要克制的事。

一

有个姑娘圆滚滚、肉乎乎的，一心想减肥。男友关爱地说：“别减了，我就喜欢你肉乎乎的，而且减肥多辛苦，不能痛快吃，不能痛快喝，还得运动。”

姑娘说她想减到理想的体重，拥有更好的身形，于是一日三餐严格控制卡路里的摄入——多菜少肉，少油少盐少主食，同时配合有氧运动和肌肉训练。

男友说附近新开了一家馆子，一起去吃好吃的，姑娘跟着去了，但依旧是挑着白灼菜来吃。男友皱着眉头说：“这样吃多没营养，也吃得好不尽兴。”

姑娘做运动，一开始难免肌肉酸痛，男友说不会是运动损伤吧，接着从网上找了许多运动损伤类的文章给她看，说：“你看你这么运动，很容易造成伤害，特别是膝盖。”

姑娘有时不耐烦，问：“你干吗总拦着我减肥？”

男友说：“我怕你辛苦啊，都是为你好啊！”

后来两个人还是没能在一起。分手后姑娘跟闺密吃饭，闺密说：“你身在福中不知福，我男朋友要是也能说‘你别减肥，就喜欢你肉乎乎的样子’，我得高兴死。”

姑娘说：“他喜欢是他喜欢，我想减是我的意愿。我只是想变美，不是为了讨好谁。他总说为我好，却从来不问我是否需要这种好。”

男友没有恶意，反而有更多的浓情厚谊，他不希望姑娘受苦，却偏偏没意识到一件事：他的“为你好”，是在光明正大地绑架姑娘的需求，很大程度上在当意见领袖，失去了尺度。而真正的“为你好”，应是尊重对方的意愿，理解对方真正的需要，有克制地关怀，才更容易令人接受。

二

李允馨是韩国三星集团总裁李健熙最爱的小女儿，也最令他痛心，因为这个女儿在26岁如梦似幻的年纪选择了自杀。

李允馨身为巨擘豪门之女，在纽约读书时爱上了一个穷小子。李健熙得知后为之震怒，他理所当然地认为这个穷小子别有用心——是用虚伪的爱蒙蔽和欺骗李允馨，以期进入豪门，谋求财产。这位愤怒的父亲当即张开翅膀、伸出拳头，发誓要保护女儿，保护家族。

就跟韩剧里一样，李健熙扔给穷小子一大笔钱，足够穷小子不工作却能富贵到死，条件是跟李允馨分手，但穷小子把钱都退回去了，不过之后穷小子给李允馨打电话，说："分手吧，你要为自己的家人多考虑一下。"

与此同时，李健熙为李允馨安排了相亲，对方是人品和家族背景都很好的青年。

李允馨不放弃，她一边抗拒父亲安排的所谓美好的婚姻，一边去跟穷小子谈判，表示愿意放弃全部财产与他私奔。穷小子很痛苦，态度却格外坚决，他告诉李允馨："如果我的存在让你的生活充满动荡和波澜，那我宁愿独自走到天涯海角，你绝对找不到。"这次之后，李允馨放弃了，不为别的，只为了她爱的穷小子以后不再背负如此大的压力。

2005年9月18日凌晨3时，李允馨洗澡更衣，穿着她喜欢的黄色套装，在一张纸上写道："你们相信现代社会还有'蝴蝶夫人'的存在吗？有的，的确有，因为我就是。爱情虽然让人绝望，但我无怨无悔。而置我于死地的恰恰就是这人世间最美好、最迷人的事。"随后，她用一根电话线结束了生命。

豪门贵胄如此，普通家庭同样如此，父母们抱着"为你好""让你少走点弯路"的心情不停地左右孩子的人生。他们的确苦口婆心，怕孩子过得不幸福，却忘记这本身是一种残酷的操控，是用理想化的“孩子美好的一生”来拯救自己的不安。

真正的“为你好”应该是懂得克制自己的操控欲望，明白孩子是独立的个体这件事，放手让他去摔跤和碰壁，才能练就火眼金睛和铜皮铁骨，才能即便你不在身边，他也能保护好自己。

三

我的朋友失恋了，被一直吃软饭还劈腿的男朋友甩了。身边的一位大姐头喜欢仗义执言、替人出头，她知道这件事后，第一时间打电话给那个男的，恶毒又凶狠地骂了他一顿。

那男的也怒火中烧，给我的朋友打电话说：“你有病吧，派了个什么泼妇替你报仇啊！”

我的朋友一脸懵，挂了电话去约大姐头，问她为什么这么做。

大姐头说：“这么渣的男人，不骂怎么解气？”

“可我想体面地分手，我不想留给他最后的印象是我小肚鸡肠、凶狠歹毒。”我的朋友生气地说。

大姐头也不高兴，说：“对一个渣男，还需要留好印象吗？我是为你好啊！你好歹不识！”

之后很久，这个朋友都走不出失恋阴霾，大姐头很着急，也很愤慨，觉得朋友这样做既不值当，又很窝囊，于是自作主张为她约了个男性朋友，对她说：“不想谈恋爱也没关系，一起玩玩，潇洒一点。”

朋友大惊失色，说：“我有自己面对失恋和挫折的方式——安静、独处、尽情释放悲伤，我跟你不一样，不是那么容易放得下。”说完就走了。

大姐头说：“这还不都是为你好吗？放弃个渣男有什么可悲哀的！”

不得不承认大姐头是个好朋友，懂得为朋友开解，希望朋友开心，却处处被朋友怼回去，因为她所说的“为你好”，是她自己的生活态度，并试图将此强加给朋友。倘若保持一点距离，削弱一些程度，承认个性差异，给朋友犯错和走出来的时间会更有效。

幸福秘方

我们身边一直都有这样的爱人、亲人和朋友，我们有时也是这样的人，真心想着“为你好”，积极地为对方的人生出谋划策，甚至直接去帮对方做决定、下决心，却时常适得其反，弄得大家都不开心。其实“为你好”是需要克制的，克制干涉、控制对方的意愿，以及强迫对方使用自己“三观”的欲求，才能真正让对方舒服，而不只是让自己舒服。

有些感情，不如不说吧

夏梦在2016年11月3日去世，享年83岁。对于她和金庸的那段往事，再度被提起，然而夏女神最后一次在大陆现身时，说“我和金庸之间，不如不说吧”。有些感情，没办法开始，还是，不如不说吧，放过彼此，成全各自的将来。

一

都说金庸追求过夏梦，或许是真的，因为金庸不止一次地热烈表达过对夏梦的关注。

他说：“西施怎样美丽谁也没见过，我想，应该像夏梦才名不虚传。”

他在长城电影担任编剧时，用林欢的名字为夏梦写了一部电影《绝代佳人》，被世人称为“最长的一封情书”。

后来金庸导演《王老虎抢亲》，说服夏梦女扮男装出演周文宾。夏梦第一次穿上了宽袍长衫，收起了脂粉之气，学着戏曲里书生的方步，扮起了男人。在整个拍摄过程中，金庸每天都很早到片场。

这个时候金庸刚刚遭到了第一任妻子的背叛，这是件金庸在70岁时才有勇气提起的往事。金庸面临背叛，不知道付出了怎样的代价才从中抽离，但世人知道的是，他遇到了夏梦，不管是欣赏还是倾慕，总之是喜欢。

二

除了为夏梦度身打造电影，金庸也付出了许多关注，就像夏梦去欧洲，金庸在《明报》上开设专栏，专门写夏梦每天的行踪，直到夏梦回来。这种只有粉丝才会为偶像做的事，金庸做了。要知道，不是人人都有这份殊荣，金庸刻薄起女星来是从不嘴软的。

金庸有篇散文《从一个女明星说开去》，他在里面写一个香港女明星到好莱坞去拍戏，当时一位好莱坞导演正在为剧中的中国角色选演员："这位小姐走了许多门路，才以难民的身份到了美国，但不幸得很，那位导演认为她不大像中国人，洋气太重，请她用几个月的时间来专门'学做中国人'……外国人希望在银幕上看到的中国人，是具有东方美、中国特征的人物。洋气的女人，难道美国还不多吗？"

金庸虽然没有指名道姓，但若那女演员知道，也应该是气急败坏的吧！

也许只有夏梦，才符合金庸所说的"东方美、中国特征"。他收起锋芒，把最温柔的语言都送给了夏梦。

可惜夏梦对金庸一直保持距离，而且还另嫁他人。不知道金庸当时的心情，但自从知道夏梦和丈夫要移居加拿大的时候，金庸连续两天在《明报》的头条上大篇幅报道此事，这从《明报》开刊以来绝无仅有。他还亲自撰写了社论《夏梦的春梦》，写道：

“对于这许多年来，曾使她成名的电影圈，以及一页在影坛中奋斗的历史，夏梦肯定会有无限的依恋低回，可是，她终于走了。这其中自然会有许多原因，在我们的想象之中，一定是加拿大草原的空气更加新鲜，能使她过着更恬静的生活，所以她才在事业高峰之际，毅然抛弃一切，还于幽谷，遁世独立，正是：‘去也终须去，住也不曾住，他年山花插满头，莫问奴归处。’我们谨于此为她祝福。”

去也终须去，留是留不住，从此以后，夏梦就成了金庸最美的遗憾，起码在外人看来是这样的。

说到这里，我不由得联想到金庸笔下那些爱情遗憾，余鱼同对骆冰，丁典与凌霜华，袁承志与阿九，胡斐与袁紫衣，李文秀与苏普……简直不胜枚举，他不厌其烦地以此做证：爱情非要有遗憾，才能刻骨铭心。或许金庸把所有情话，都写进了武侠里。

“你不知道，这五六年来，我为你受了多少苦。我在太湖总香堂第一次见你，我的心……就……不是自己的了。”

骆冰怒道：“那时我早已是四哥的人了！你难道不知？”

余鱼同道：“我……我知道管不了自己，所以总不敢多见你面。会里有什么事，总求总舵主派我去干，别人只道我不辞辛劳，全当我好兄弟看待，哪知我是要躲开你呀？我在外面奔波，有哪一天哪一个时辰不想你几遍？”

最终，余鱼同娶了李沅芷，金庸有了另一段婚姻。

三

作为很多人心中的女神，夏梦在自己的爱情江湖里也有一笔遗憾，这个遗憾叫岑范。

岑范的祖上是清代名将岑毓英，可以说是名门之后，身份尊贵，才华横溢，16岁就写了剧本《手足情深》，之后又演戏又当导演。他认识夏梦的时候，是在长城电影，时年26岁，应该发生美好爱情的年龄。

当时他和夏梦一起演戏，感情从戏里蔓延到戏外，很快发展成亲密无间的关系。1950年，岑范打算回内地，夏梦决定放弃已经成熟的演艺事业，跟他一起回去。著名演员韩非还笑说，这两人要私奔了。

可惜夏梦回内地的手续迟迟办不下来，岑范只能先走，两人依靠书信倾诉衷肠。说来奇怪，夏梦给岑范的信，岑范都收到了；岑范寄给夏梦的，一封都没交到夏梦手里，这其中的古怪缘由，一直是个谜团。

等不到回应的爱情是可悲的，可想夏梦当时怎样焦急与失望。四年之后，夏梦嫁给了同样痴心又老实的商人林葆诚，而且做到了白头偕老。

婚后的第二年，夏梦到了内地，并且与岑范见了一面。

这一见，火热的爱情已经成了陈年旧事，只留下或深或浅的遗憾在敲打夏梦的心，倒没那么激烈，却也是有所震荡的。夏梦可能释然了，但岑范却一辈子没有娶妻，他说：“我认识了夏梦，别人就跟她没有可比性了。”

从此之后，夏梦与岑范就一直以朋友身份相处，内地遭遇自然灾害的时候，夏梦还辗转托人带食物给岑范。

许多年后，别人问起岑范这段感情，他说：“爱一个人，是要对方好。她现在家庭好、子女好、事业好，我觉得非常欣慰，甚至窃喜，幸亏没有拿到通行证，如果那时回到内地，以她的背景，‘文革’中还不知会遭遇到什么灾难。我又保护不了她。”

1983年，岑范到香港参加电影节，酒会上与夏梦相遇，夏梦像个老友一样在他肩头拍了一下。2008年1月，岑范去世。

2014年，夏梦回到上海参加活动，众人又问起了她与金庸的事情，她淡然地说：“我和金庸，其实不如不说。”

幸福秘方

我们心里这座老宅，住了多少夏梦一样的青梅旧人，虽有遗憾，并无后悔。他们也不会影响我们的生活，只是曾经美丽了我们的一段岁月，若干年后提起来，只有一句“不如不说了吧”，是释然，也是对现在生活最好的报答。

Part 03

出走半生，归来少年

世界如此险恶，你要内心强大。愿你不再脆弱，也无须假装坚强。愿你上了一点年纪，还有梦想，以梦为马的人永远年轻。

03

自觉心安，东南西北都好

不该压制人的欲望，因为根本压制不住。很多想法连着我们的生命，生命在长，它也在长。所以重要的不是压制，而是不要在欲望里迷失。只要心安，琴瑟在御，莫不静好。

凤凰卫视的老总刘长乐对星云大师说：“生活在现世的人们，似乎总是不大容易找到舒畅旷达的心境。俗话说，家家有本难念的经。很多人都在抱怨，生活环境太差，办事效率太低，挣钱太难，不受重视，总之总是得不到自己最满意的东西。”

星云大师说：“有人说时间充满忧悲苦恼，因为婆娑世界本来就是堪忍的世界。什么是最大的痛苦呢？有人说是饥饿，有人说是情爱，其实真正的烦恼痛苦是欲望。譬如我们对于钱财、美色、权力、名位的欲望不满足时，就会生起烦恼。不过，欲望也不全然是恶俗的，也有善法欲，例如发愤读书的求知欲、为国为民牺牲奉献的领袖欲，等等。人生是活在欲望里，欲海不可怕，可怕的是在欲海里没顶。所以，我们应该以智化情、以行善法欲而离烦恼欲。”

为什么我们总是牢骚满腹，对这个世界充满了抱怨？就是因为欲壑难填。要放下欲望并不是件容易的事，但学着不去抱怨却并不难。

有个妇女婚后当了全职太太，每天洗衣打扫、带孩子，忙得没时间打扮自己，忙得连自己的朋友都没空去见。天长日久，她的情绪越来越差，基本上每天都跟丈夫抱怨：“你从来不洗碗。”“你自己的衣服从来不叠整齐。”“你接过几次孩子？”……丈夫起初还能体谅妻子的辛苦，可久而久之就变得不耐烦，最后变成了争吵。

后来这位太太经人介绍认识了寂静法师，她把法师当成了救命稻草，喋喋不休地向法师吐苦水。法师无奈之下打断了她，说：“你的苦真多啊！”

她说：“我的苦就是说上三年也说不完。”

寂静法师说：“你说的这些都发生在什么时候？”

她想了想，回答说：“结婚之后。”

寂静法师问：“你什么时候结的婚？”

她说：“三年前。”

寂静法师点了点头，又说：“你抱着这些辛苦度过了三年，为什么一直紧抓着不放呢？”

这位太太一时答不出来。

寂静法师接着说：“你拉的粪便臭吗？”

她嫌弃地说："当然臭。"

寂静法师问："粪便呢？"

她不解地回答："当然是上完厕所就冲掉了。"

寂静法师说："为什么不把它随身带着？见人就拿出来说：'这东西把我臭得很难受。'"

她皱了皱眉："这太恶心了。"

寂静法师笑了笑说："对啊，就是这么简单的道理。苦应该是即时冲走，留下来臭自己也臭别人，谁都过不好。"

她听了后顿时觉得心情舒畅，频频点头："以后我不会有这么多抱怨了。"

抱怨就是这样，你守着它不放，只会让你的日子更加难过。你被抱怨包围着，就等于被烦恼包围着，你无暇顾及正常生活，每天都在跟抱怨做斗争。

有一对姐妹住在一所公寓里，她们轮流负责修剪、整理庭院的草坪。邻居养了一只大狗，时不时就会跑到姐妹家的庭院里大便。姐姐非常生气，经常对邻居的狗大声叫嚷，并抱怨邻居没教养。但不管姐姐怎么大声呵斥，那只大狗依然会到她们的草坪上大便。

又过了一个星期，姐姐发现草坪上干干净净，竟然没有狗大便。她很好奇，便把这件事告诉了妹妹。妹妹说："它不会再来大便了。"

"为什么？"

"我一个多星期前的上午看它又来到我们的草坪，于是我把提前准备好的狗饼干放到它跟前，还牵着它到别的没人住的地方解决了大便。第二天我做了同样的事情。就这么几次之后，它就不来草坪大便了，改成吃狗饼干了。”妹妹笑着说。

姐姐通过这件事明白了一个道理，遇到问题最首要的是解决，而不是抱怨。后来有一次，姐姐又遇到了一桩难事。不知道从哪搬来的新邻居总是喜欢开快车，而且总会不小心剐蹭到她放在院墙外的花盆。她曾多次在邻居开快车的时候呼喊让他减速，但邻居总是呼啸而过。

姐姐非常生气，跟邻居争吵过许多次，但都无济于事。后来她想了个办法，让妹妹站在庭院外面，看到邻居开快车过来的时候就冲他微笑，要像老朋友一样友好地微笑。这个方法果然奏效，每次邻居看到微笑的妹妹都会减速跟她打个招呼，

然后慢慢驶入车库。没人会拒绝一个友好的微笑和问候，一味地怒气冲冲只会恶化一段关系，一味地抱怨也只会让事情陷入僵局。

如果只是抱怨，那么即便你有奇思妙想也会被愤怒掩盖。开放胸襟，总能找到方法，而不是牢骚。慈航法师曾说："自觉心安，东西南北都好。"

1814年，德国法兰克福一个富贵之家出生了一个男孩儿。男孩儿在这种优越的环境中成长为一个有教养的少年。可惜的是，1833年，男孩的家族受到了政治迫害，举家逃到了瑞士，家族也就此走上了下坡路。从没尝过生活艰难的男孩被眼前的穷困生活逼得郁郁寡欢，脾气一天比一天暴躁。

这一天，他出去散心路过一片农田。这里刚刚遭受了一场洪水的侵袭，原本长势旺盛的庄稼变成了肥料，整个农田遍布淤泥，损失惨重。这像极了他的经历，从盛变衰，就是一夜之间的事情。他越想越沮丧。就在这个时候，他看到不远处的农田里有个农夫正在耕田。他问农夫："庄稼都成了这样，你还在田地里忙什么呢？"

农夫看了他一眼说："我在耕地，虽然庄稼没了，但地还在。"

"你一点都不生气吗？不抱怨吗？"

"抱怨吗？一开始是会抱怨的，但抱怨的时间不能太久。太久就会延长糟糕现状的时间，让事情变得更加难以处理。你看，这些庄稼虽然被毁了，但它们将是最有营养的肥料，会让以后的庄稼长得更好。我可以预见今年一定会大丰收的。”农夫说着露出喜悦的神色。

农夫的这番话对男孩来说如当头棒喝，他顿时清醒，感觉到了从未有过的力量。抱怨不能改变现状，只会让现状更糟，只有乐观面对、积极进取才能解决问题。

男孩从此发愤图强，努力学习和生活，成了一名药剂师的助手。他喜欢科学研究，努力让自己的研究成果造福人类。不久之后，他研究出一种专门给婴幼儿吃的奶粉。当时的奶粉全是成人型的，许多婴幼儿因为不能吸收而造成肠胃疾病，甚至导致死亡。男孩的这项研究迅速得到了市场的认可，他因此成立了自己的食品公司，主要生产婴幼儿奶粉。从此之后，他的事业不断攀高，而他的奶粉品牌也迅速在全世界走红。他叫亨利·内斯特，他的品牌是雀巢。

我们不是修行者，无法做到没有一丝抱怨。抱怨可以有，但不要让抱怨成为生活的主旋律。与其怨天尤人，不如想办法摆脱困境。这就要求我们在培养一个坚毅、乐观的性格的同时，还能拥有一个豁达的心胸，懂得放下。

有个乞丐用攒了很久的钱去买了张彩票，结果中了特等奖。他把彩票放在了拐杖里，每天都带在身边。有一天，他要过一条河，心想等拿到奖金，就能变成富翁，再也不需要这根拐杖了。于是他随手一扔，将拐杖抛进了河中心。回到家后，他想把彩票拿出来看一看，突然想起彩票放在了拐杖里。

乞丐提起了对财富的欲望，错放了平常心。如果他一直以乞丐而不是富翁的心态面对这次中奖，恐怕也不会变成黄粱一梦。

平常心，是不抱怨的基础心态，它代表宠辱不惊的从容。即便是站在高处也不得意忘形，站在谷底也不自怨自艾。

索尼公司有一位年轻的董事会成员名叫大贺典雄，毕业于东京帝国大学，成绩优异，头脑灵活。他毕业后加入了索尼公司，是盛田昭夫手下的一员强将。他的工作总是完成得十分出色，盛田昭夫对此非常满意，也有意重用他。但大贺典雄有个习惯，就是他认为对的事情一定要坚持到底，因此跟盛田昭夫产生过多次摩擦。

不久之后，盛田昭夫下了一个调动令，将大贺典雄从管理层下放到生产一线。这个决定一出让许多人感到惊讶，大家一致认为盛田昭夫心胸狭隘，容不得不同意见，只要跟他多争辩几句就会被降职。

就在大家愤愤不平的时候，大贺典雄却像没事发生一样。他依旧像从前一样勤奋踏实，在生产一线努力工作。

一年之后，盛田昭夫又做出一个令人不解的决定——擢升大贺典雄为产品总经理。把一个生产线上的工人直接提拔为总经理，这是前所未有的。公司又议论纷纷，不知道盛田昭夫的真正意图是什么。

就在大贺典雄就职的时候，盛田昭夫宣布了自己的想法："大贺典雄具有绝对的能力担任产品总经理一职，这是从他进公司起我就认定的事实。但一个产品总经理如果对一线产品没有足够的了解，还是无法胜任的。因此，我把他调到了生产一线。同时，我也想考验他的工作态度。让我高兴的是，他当工人跟当管理者是一样的，心态从未发生变化，没有抱怨，拥有一颗平常心。”

五年之后，34岁的大贺典雄正式成为董事会的一员。

抱怨的对象总是别人，少了一份自省，这便增加了解决问题的困难程度。试着这样，遇到问题别急着抱怨，先做好自己。

幸福秘方

人生就是一场修行。保持一颗淡然的心，去面对纷繁的世界。无论世态多么诡谲多变，不变的是你的心，那么你也能从容应付。与其抱怨，不如去接纳，这样你的内心会更强大，世界也因此而不同。

仰望星空，
才知道自身的渺小

世间有很多风光都是我们未曾领略的美好。抬起头去看天空，你会被云朵的变幻莫测吸引，也会被天空的广博而撼动。闭上眼睛去感受生活，你会被它的美好感动，为自己的渺小而感恩。

每年年末，媒体都会发表各类数据，和经济相关的GDP、房价等数据让人们很关心，和生活质量相关的天气指数、宜居指数也拨动着人们的心弦，还有一个指数近年来越来越得到大家的关注，那就是幸福指数。对于动荡年代的人来说，吃饱穿暖就是幸福的了，但是对于和平盛世的我们而言，这只是活着的基本要素，关乎人们幸福的因素还有很多。在这项调研之中，结果出乎人们意料，不管是大型城市还是三四线小城市，几乎都有60%的人认为自己的生活不幸福，而且超过20%的人认为自己每天的生活都不快乐，超过40%的人在持续抱怨自己的生活。

是什么让一个可以吃饱穿暖的人心生这么多怨言呢？如果进一步阅读报告，你会发现引发这些人不快乐的原因很多，但大多都只是生活中的细枝末节。我们必须承认这个世界上并不是每个人都是快乐的，每个人都觉得别人比自己开心。但这个世界并不是围绕某个人而设计的，在生命的旅途中，谁也不是走在一条开满鲜花的道路上。荆棘和电闪雷鸣时刻都会出现，而对于那些盯着眼前的烦恼不可开解的人来说，似乎这些状况总是围绕着他，而抱怨则是唯一可以缓解他情绪的方式了。

我的朋友杰姆是一个美国人，他来到中国工作期间，因为语言沟通而失去了很多生活乐趣，他的美国朋友都劝他赶紧回国，但他却只是笑笑。当我问他为什么在中国的工作比较辛苦还要继续坚持的时候，他说："其实，大家的生活都很辛苦。"

杰姆告诉我一个故事，他在美国的住宅是一所老宅子，所以经常会出现一些小问题，排水管堵塞、草坪因为来不及修剪而变得杂乱等。虽然不是大事，却让他很烦躁。每天早晨，当他要洗澡的时候，发现水排不出去，他就恨不得把整座房子都掀掉。

有一天早上，杰姆打开淋浴头准备洗澡，发现下水管又堵塞了，也许是来不及清理的头发造成的，也可能是管道本身的问题造成的，但不管什么原因这都让杰姆再一次濒临崩溃，他觉得自己的生活糟糕透顶。

打了一个维修电话，不一会儿，就有两个维修工上门了。

那是两个黑人，生活似乎给了他们很多磨难，两个人的手臂、手指上都是伤痕，但是他们却都露出了白得耀眼的牙齿，笑得很开心。在维修的过程中，杰姆发现这两个黑人其中一个气质很好，谈吐得体，做事很有条理，显然是受过高等教育的。而另一个虽然看上去朴实，总是掩饰不住的笑容却让人感受到他的喜悦。

杰姆问那个维修工："你的生活一定每天都充满了惊喜，不然你不会这么开心吧？"

那个朴实的黑人说："他的生活可不是惊喜。"

再问之下才知道，原来这位受过教育的黑人在自己的国家里曾经是一名高层官员。他家教良好，受过高等教育，并且在自己的工作岗位上表现出色。但是因为内战爆发，他不得不离开自己的国土，来到美国。在这片陌生的土地上，没有人认识他，也失去了以往的便利，最要命的是语言和文化的差异让他所擅长的工作都失去了价值。体能成了他唯一的优势，于是，他只能做一些维修之类的体力活。

"这样也不错，维修工的收入我很满意。"这位年轻的黑人微笑着说。

"那你以后怎么办呢？"杰姆对他的遭遇感到很惋惜。

年轻的黑人笑着说："等到有点积蓄，语言也掌握得差不多了，我打算自己开一个小店铺，做点小生意我还是在行的。"

对于很多人而言，失去了荣耀和地位简直如同要了命，但对这个真正经历了这些的人而言，这都不算什么。简单地活下去，只要有生存的机会就一定会有翻身的机会。

如果说这个年轻人的经历让早晨还处于暴躁中的杰姆为他感到遗憾，那么另外一个黑人的遭遇简直令他震惊。

另外那个笑容朴实的黑人，已经五十多岁了，他来自动荡不安的索马里。而促使他离开熟悉的家园的原因便是那里的种族大屠杀。在一个深夜里，敌对种族忽然对他们发动了进攻，他的妻子、儿子和母亲都在这次屠杀中死去了，因为突如其来的雷雨，杀人者匆忙撤退了，未能来得及检查他是否已经断气，这才令他保全了性命。

这个黑人撩起T恤衫，让杰姆看他肚子上的伤痕："当时我的肠子都流出来了。但那不是最痛苦的，最难过的是看着亲人死在自己的面前，而你却无能为力。"

年过五十，原本是一个可以安稳度日的年纪，但是厄运从天而降，他所能做的却只有接受。在雷雨夜，他捂住伤口奔逃了十多里地，终于找到了救援组织的医院，活了下来。此后的日子里，他辗转在救助站、难民营，最后在朋友的帮助下来到了美国。

在一个人经历了如此惨绝人寰的变故之后，依然可以微笑着活下去，这是多么坚强的心性，杰姆深受震动。

水管很快就修好了，他们给浴室的下水口安装了新的过滤器，避免杂物流进去。

"这样以后就不会再堵塞了！"两个黑人微笑着介绍自己

的工作，似乎完成了一件非常值得骄傲的事。

“谢谢！真的感谢！”杰姆再说这句话的时候，是发自内心的感谢。不是因为他们为他疏通了下水道，还因为他们改变了他对生活的看法。曾经的杰姆每天都感到自己的生活不如意，觉得自己属于世界上不幸的那一部分人，但当他看到更加惨痛的人生之后，才恍然察觉自己原来是世界上最幸福的那部分，不用经历战火的摧残，不用看到亲人的离开，更不用为了生存而奔波。相比较而言，就连每天早上被堵塞的下水道都变得可爱多了，就连院子里的荒草都充满了勃勃的生机，一切是那么渺小，但又值得珍惜。

“后来，我在工作和生活中遇到一些烦恼的时候，总是会想到那两个黑人兄弟的笑容，在他们眼中这都不是什么可怕的事，因为他们经历了更加可怕的，才会对生活有了这样一份感恩。”杰姆笑着说，“来到中国以后，我也面临语言不通、工作很难开展的问题。可是当我想起他们，就觉得——这都算什么呢？这是多么可爱的事！”

听了杰姆的讲述，有人沉默了，有人微笑了，这个故事的震撼之处并不在于对战争惨烈的认识，而是在于对平静生活更加清晰的珍视。

在生活中，我们一定遇到过这样的人，在他们眼中任何一件小事都是大过天的痛苦，一点点的不如意都可以让他们暴跳如雷。而这样的人往往是不堪一击的，因为他们囿于自己的小圈子之中，根本看不到世界的广阔，看不到我们得到了多少赐予。当他们终于有一天抬头的时候，才知道自己的渺小，才知道自己所经历的不过是命运一次轻微的挠痒。

我也曾经问过自己，如果失去了此刻的拥有，是否就是世界上最痛苦的事？而当我回想起曾经所经历的、所失去的，我才明白此刻不过是人生路上最平凡的一刻，纵然你为之锥心，也要保证它不能改变你对生活的热情。相较于那些痛，其实你可以有更多的美好来抚慰自己，只要你用心感受，就一定可以发现生活的善意。

幸福秘方

感受生活的善意，看清自己的渺小，这是让我们勇敢走下去的动力。其实上天根本顾不上与谁为敌，而且他也没有故意让你难过。在漫长的人生道路上你要接受很多的考验，此刻的沮丧只是为了你未来可以迎接更强劲的压力。而当那一刻真的到来，曾经认识到自己渺小的你，一定也可以感受到自己的强大。

成就你的不是吃苦，而是吃苦的艺术

世界会回报所有的付出，包括努力的汗水和酣睡的鼾声。但世界会无视盲目的付出，包括你自认为倾尽所有的热情。并不是所有的付出都会有回报，所以你要睁大眼睛去感受和观察。最终获得成功的那个人，并不是最能吃苦的，而是最懂得吃苦的人。

热衷于为年轻人指点迷津的各类公众号中，最常见的一个论调就是鼓励年轻人吃苦，认为肯吃苦的年轻人就一定能拥有更美好的未来。然而，不管是主动还是被动，吃苦的人很多，因此而成就美好人生的却是少数。其实，包括这个论调在内的心灵鸡汤，我们早就已经不知道喝了多少年了，陈年酱香的鸡汤也无法挽救一个只知道吃苦却不去理解吃苦背后的精义的人。

虽然每个人的出发点确实不同，但总体来看，上帝对待每个人都是公平的，不管他的奋斗境况多么艰辛，只要肯付出努力，总会获得相应的回报。这个世界上，努力是最没有门槛的事情，不管你做的是一个亿的生意，还是一块钱的生意，都需要努力，都可以通过努力来达成自己的目标。你付出了多少的时间和精力，就决定你成就的大小。对于这种规律，人们将它视为能吃苦的人最有潜力，而对比那些具备了聪明头脑都不肯努力的人来说，这种人确实更有成功的可能性。

吃苦代表着一个人的决心，代表着你愿意为这件事付出多少。而埋头吃苦不是决定这件事的成败因素，只有会吃苦，才能决定你能走多远。很多人在吃苦的过程中，忘记了自己的努力方向，往往事倍而功半。只有用对了力量，才能成全自己。

在日本，八佰伴是广为人知的百货公司。看到如今它广阔雄伟的店面，你一定想不到曾经的八佰伴只是一个普通的水果店。

八佰伴的老板和田一夫总是被人们询问成功的秘诀，这个儒雅中年人面对这样的问题，总是微笑着说："没有任何一

件事情是生来如此的，都需要经过困难才能达成。不过就算我遇到了再大的挫折，我也都坚持一点，那就是宁可自己吃苦、吃

亏，也不能从顾客的身上找到补贴金钱的方法。也正是因为这一点，我的八佰伴才能通过正当的生意手法发展到今天。”

在杂货店时期的八佰伴非常不起眼，它只是和田家用来养家糊口的一个手段而已。为了让生意更好一点，和田总是趁着父母睡着之后，继续整理货物、账本。虽然这样的日子很辛苦，但对于和田来说，却是非常快乐和满足的。当一天的劳累终于结束，躺在床上的时候，和田总是觉得充满希望。

杂货店之间的竞争也是很激烈的，为了拿到更低价格的货物，有一些杂货店老板会以次充好，由此来换得更低的价格和更高的利润，甚至通过这种手段来挤走竞争对手。但是对于和田来说，这种做法是万恶不赦的，所以他宁愿走更远的地方去进货，让自己的双脚磨破皮，也不愿意用三流的商品来糊弄人。正是这种宁可辛苦自己也不欺骗顾客的做法，让和田获得了很多客人的信任，他们也愿意走更多的路来到和田的商铺买东西，因为这里的货物总是更让人放心。

八佰伴的老店所在的热海街道曾经发生过一次大型的火灾，而和田的店在这次火灾之中也遭受了重创，不幸被烧毁了。虽然遭受了巨大的损失，可是和田却没有灰心，他计划重建这个店铺。重建之后，和田在店内挂出一个牌子，上面写着：“我们设法让所有的货品都更加便宜，如果您有意见，请向我们提出。”正是因为秉持着“省钱不省货，自苦不苦客”的经营理念，和田的店铺生意越来越好了。

1958年，日本受到了太平洋台风的袭击，自然灾害严重。

很多商家看到大家都急缺日用品与蔬菜，便大肆提高商品价格，借此来牟取暴利。可是和田一夫的店却没有这样做，所有的商品都按照原来的价格出售，蔬菜也完全没有涨价，就算是供应商提高了价格，和田一夫也按照原来的价格出售给顾客。这一举动感动了很多顾客，他们认定八佰伴是一个有商业道德的商店，老板绝不是趁火打劫的人。所以更多的忠实顾客被积累起来了，八佰伴的生意也越来越好了。

如今的八佰伴已经在全世界建立了分店，市场版图越来越大，可是每一家店铺依旧秉持着“省钱不省货，自苦不苦客”的原则，并将它作为自己不变的信条。

吃苦是一种美德，是让顾客信任你的手段。而吃苦的目的并不是让自己受罪，更不是降低自己的利润，而是让别人看到你的商业道德和真诚服务的态度，这样的吃苦会提高顾客的忠诚度，从长远来看是受益无穷的苦。和田一夫在经营的过程中正是因为秉持了这一点，才能不断壮大。如果他的吃苦仅限于降低利润而没有长远的规划，那么这样的做法就只是自虐了。

很多时候吃苦的原因是因为自律和承诺，当你对别人或自己做出某种承诺之后，就必须按照这个承诺去做，就算再苦都不能违背。这个时候的吃苦代表着你的诚信，代表着你品格的基础。

日本商人似乎都非常善于吃苦，他们通过吃苦而赢得商机，甚至创造属于自己的契机。日本惨剧大王仓阶一郎是在“二战”结束之后开始自己的事业的，这一阶段的日本百废待兴，很多行业都充满了机会，而仓阶一郎很幸运地得到了美国芝加哥一名犹太商人的刀叉订单，这成为他事业的第一桶金。

在接到这个订单的时候，犹太商人就告诉仓阶一郎自己必须在9月1日之前收到货物，否则订单要作废了。可当时已经是7月末了，不得不说这是一个巨大的挑战。为了抓住这次机会，仓阶一郎咬着牙接下了这笔生意，并很快联系厂家进行生产，哪怕价格再贵都要完成这笔订单。

因为各种因素的影响，一直到8月27日，仓阶一郎才从厂家的手中接到了这批货物。这个时候已经接近交货日期，如果办理航运，货物到达芝加哥的时候一定会过期的。仓阶一郎想到自己对顾客的承诺，便忍痛掏出一万美元包下了一架直升机，直飞到了芝加哥将货物交付。

经过这一番折腾，仓阶一郎瘦了一大圈，可是他却一分钱都没有赚到。犹太商人对于他这种行为很受感动，立刻就提供另一个更大的订单给他，由此让他的事业上了几个台阶。

在今天这个时代，人们越来越重视一个人的诚信，而要践行自己的承诺，让自己做到言出必行并赢得人们的信任，就不能不吃苦。没有任何事是可以不吃苦而一蹴而就的，为了做到别人做不到的事情，你只能多流汗；为了超越别人的创意，你只能多燃烧脑细胞。不管是为了达成什么目的，只要存在竞争，你就需要更多的努力和付出。而所有这些付出的背后，都饱含着一个“诚”字，正是为了让这个字书写得更加清晰，我们才要好好吃苦。

善于吃苦的人最懂得苦的精义所在，因为他们可以找到最能影响事态进展的那个点，并将自己的苦控制在有效的范围内。如果你不能控制自己的“吃苦量”，只是一味地以悲情吃苦来换取别人的同情，这样的苦是毫无意义的，只会让人对你更加不信任。而巧妙的吃苦技巧，就是要通过吃苦赢得他人的尊重，达成自己的目标。虽然你是在吃苦，但也是在控制事态的发展，而不是简单地将自己的命运交付到别人的身上。

幸福秘方

在“心灵鸡汤”的鼓舞之下，你也许会有吃苦的决心。而只有在理智的引导之下，你才能将吃苦变得有价值。毕竟成就你的不是吃苦，而是吃苦背后的那些技巧，是吃苦带来的那些改变。吃苦，对于想要成功的你来说很重要，而巧妙吃苦，对于每一个奋进者来说是更重要的事。

做一个孤独的散步者

最爱谈论人生苦辣的都是一些未曾经历人生五味的年轻人。因为不懂得，所以很难有慈悲心，更别提真切领会其中的甘苦了。所以你只有自己亲身去感受、去体悟、去痛楚，才会微笑着一语不发，只在心里默念着："没错，这就是生活。"

人人都希望自己成为人生赢家，而现实之中的人生赢家往往并没有那么大的喧嚣之声。冠军总是在掌声之前就起跑，而真正的人生赢家需要忍受孤独，需要在黑夜之中依旧坚持前行。也许是绝境之中依旧奋发的一次挑战，也许是毫无希望的时刻抓到仅存的一丝希望，你必须走一些必须走完的路，否则你就无法明白什么才是你真正想要的人生。

约翰·罗布林是一个非常有才华的建筑师，他曾经站在纽约曼哈顿，希望可以修建一座横跨曼哈顿和布鲁克林的大桥。但是很多桥梁专家都告诉他这不可能，要想修建这样一条长的桥梁，以当时的技术来看确实是天方夜谭。但是罗布林却不愿意放弃，在他将儿子华盛顿培养成为一名优秀的工程师之后，父子二人开始一起设计修建这座大桥。

如果是在好莱坞电影里，这个桥段之后肯定会是蓝图变成了现实，父子二人狠狠地打了桥梁专家的脸，然后喜极而泣。但现实生活永远都要比编剧更有才华，更残忍。在这座桥梁的设计蓝图终于获得了银行家的投资时，一场大火发生在了施工现场，设计师罗布林在这场大火之中丧生，儿子华盛顿的大脑也遭遇了严重的创伤。

之前人们认为这座桥无法修建，是因为技术难度，而现在唯一的两个知道如何修建这座桥的人落到这个下场，这个项目看来只能就此搁浅了。

幸运的是，虽然华盛顿丧失了说话和行动的能力，但他的思维依旧像从前一样敏锐，他无法忘记曾经对父亲做出的承诺。有一天，他脑中忽然灵光一现，想到了一个向人们传递信息的方法。他用手指不断敲击妻子的手臂，而妻子则通过解读他的这些密码，将华盛顿的设计意图转告给修建桥梁的工程师们。

这条路实在不好走，在漫长的13年里，华盛顿就是这样用一根手指指挥了整个工程进度，直到宏伟壮观的布鲁克林大桥最终站在人们的面前。

坚持这件事之所以困难，很多时候是因为你无法掌控它的结果，而且从现实的角度来看，失败的概率远远大于成功的可能性。对于华盛顿来说，建筑的难度已经是摆在他面前的一个难题，而身体的残疾更是一道无法跨越的天堑，除了这些原因，漫长的13年坚持才是最让人感到可怕的。可他就是这样走过了这13年，用自己的手指丈量了时间的长度，敲击出了一个个有力的音符，唱出了自己的人生赞歌。

著名的华人导演李安以自己独特的才华创造了世界电影史上华人最高成就，而在他26岁的时候，这是根本无法想象的事情。那一年，他决定去美国电影学院求学，父亲坚决反对，并且告诉他每年在百老汇有几万人去争取一个角色，电影这条路不好走。可是李安却不愿意放弃，他想着自己必须去尝试了才知道这条路是否走得通，不亲身去体验就放弃，难道要让自己老了之后后悔吗？

那个羞涩、腼腆的青年怀抱着电影梦，就这样来到美国。但是在之后的六七年时间里，他似乎和自己的电影梦越来越远了，只能每天在家里带小孩。如果不是有一个贤惠的妻子，李安很有可能会成为某个程序员或者生意人。他的岳父母也曾经看不下去，要资助他一笔钱，让他开一个餐馆，但李安却拒绝了这样的机会。虽然默默坚守一个无法企及的梦想是那么难，但他还是想再试一试。

在妻子的帮助下，沉默了快十年的李安终于找到了适合自己的脚本和团队，他第一部独立执导的电影《推手》进入了人们的视线。在这部电影里，观众看不出一个新导演的青涩，却能够感受到其中稳健的观念碰撞和电影技法。在此后的日子里，他的才华不断受到认可，最终成为奥斯卡最佳导演奖获得者。

在李安得到奥斯卡肯定的那个夜晚，他手拿着奖杯，和妻子走在街头，一起吃着汉堡，露出了满足的笑容。很多人都说我也可以只吃汉堡，如果让我也得“最佳导演奖”的话。但如果在吃汉堡的时候，你无法知道自己是否会得这个奖，你还会坚持吗？

想成为李安的人很多，但能够孤独寂寞那么久却依然不放弃的人却少之又少。走这样一段路，对于李安来说有着特殊的意义，他认为自己必须经历这一条路，才能对之后的人生有更深的感触，才能在电影里讲出更加触动人心的故事。

走在一条看不到尽头的路上，最大的敌人便是那无处不在的诱惑。有的时候它并不鲜艳诱人，但和你所处的孤寂相比，它却有了独特的色彩，让你瞬间就可以放弃斗志，跟随它的脚步起舞，偏离方向并最终无法登上成功的船。那些努力奔跑的成功者，必须学会先跑过一段无聊乏味的路，才能获得来自周围人的鼓励。

著名的励志大师卡耐基在年轻的时候曾经立志要做一名演员，24岁那年，他终于坚持不住了，放弃了自己的演员梦，成为曼哈顿街头的一名流浪者。他曾经无数次问自己：我的未来究竟在何方？我的希望究竟在哪里？为了生存，他做着曾经蔑视的工作，起早贪黑，却住在和蟑螂为伍的地下室里，吃着简单的事物。难道这就是我的人生吗？卡耐基找不到出路，烦恼

和忧虑更一度让他患上了偏头疼。

在痛苦和无奈之中度日如年，卡耐基感到无所适从，直到他遇到一个人。那是一个手腕被切断的年轻人，虽然他残疾了，但脸上却挂着灿烂的笑容。当卡耐基与他交谈的时候，年轻人告诉他自己的手是被轧钢机轧断的，虽然手没有了，但是命还在呀！这就是一件让人激动的事！

卡耐基疑惑地问："你的生活难道不会受到影响吗？"

年轻人说："除了缝衣服的时候，我都忘了自己失去了一只左手。"

短短的几句话，却深深触动了卡耐基的心。在一个人处于不得已的情况之下，不管什么状况都必须接受。对于已经过去的事情，想再多也没有用。而在困境之中保持微笑，忘掉那些痛苦的事，才能让你的生活看到阳光。

和年轻人分开之后，卡耐基开始反思自己的问题：疲惫不堪的生活让他的推销工作失败了，了无生趣的工作让他的演员生涯结束了，大学时候的辉煌之梦被现实生活击碎了，在四处奔波的时候原来的理想也随之不见了。他扪心自问：我日夜忧虑，但有哪条路是我矢志不渝要走到底的吗？并没有坚持到最后的那一刻，我又如何知道等待我的结果是什么呢？

秉持着这样的信念，卡耐基开始了自己全新的征途，并且顺利度过了彷徨期，迎来了自己事业的新起点，并成为影响全世界无数人的励志大师。

人生这条路原本就不是平坦的，很多时候鲜花和掌声甚至都不会出现在我们的面前，而荆棘密布的日子却是我们不得不面对的常态。行走在这样的人生路上，你能获得更多感受，但要守得住孤独。对于智者来说，孤独是一种高品位的追求，是人生路上最易获得满足的内心状态，是云淡风轻的淡然，是辉煌过后的谦逊。学会接受这样的人生路，是我们对自己的一份善待，因为当你在这样的路上学会了平静，也就善待了自己的心灵。

幸福秘方

你必须走完这样的一条路，才能知道人生的真味，它是乏味的、苦涩的，也是无处可诉的，但它却又伴随着希望，在平静之中远离了诱惑。太过喧嚣的世界让你迷失自我，而这样的路，却可以让你所寻找的自我更加清晰，让你和梦想更加靠近。就像黑格尔所说的一样，“做一个孤独的散步者”，行走在这条孤寂的人生路上，直到抵达你所梦想的世界。

“无知者”，遇见更好的自己

会哭泣，会尖叫，会激动，会暴跳如雷，那是青春的悸动。经过了许多的迷茫，看过了太多的假象，你才会沉稳如深水。波澜不惊才是我们最向往的状态，纵然那其中蕴藏着呐喊、惊雷和呢喃，也会像无知无觉一样恬淡安详。

几千年来，有很多的古圣先贤都在教导我们一件事，那就是“认识自己”。这件事之所以很受重视，是因为它确实很难，而在被点醒之后，很多人依旧走偏，他们眼中的认识自己，往往只是“认识自己的消极面”，因此大部分人的自我评估都在描述自己的缺点、不足、错误和无能。

能够认识自己的不足固然是一件好事，可以借此寻找进一步前进的机会。但如果一个人总是沉浸在自己的消极面中不可自拔，遇事总是从消极面和自己无法做到的一面去思考，那就会让自己陷入自卑的泥沼之中，失去自身的价值。因此，认识自己是一个博大的命题，它绝不仅仅限于认识到自己的缺点。

而一个真正可以做到认识自己的人，他往往是浑然无知的，对于自己的缺点他很坦然，对于自己的优点也不会过分地夸大，这样的状态才让生命达到一种淡然、平衡。

限制我们认识自己的原因有很多，有时候是与别人的比较，有时候是一些失败的经验留下的阴影。这种状态是很多中国孩子无法逃避的事，因为在中国的家庭教育里，“别人家的孩子”就是大家共同的敌人，很多人的童年或多或少地留下了他带来的阴影。当我们长大成人，有了自己的价值观和衡量体系，虽然也会感谢这位“别人家的孩子”为我们带来的督促和激励，却还是不能逃出他留下的影响。

要认识自己，我们都需要跳脱出曾经的阴影，摒弃“我也就这个样儿了”“我只能做到这些”的固有思维。

科学家做过一个有趣的生物实验，他们将一个跳蚤放在桌子上。用力拍打一下桌子，受到惊吓的跳蚤就会努力向上跳跃，它们跳跃的高度可以达到身高的100倍以上，这在生物界里都是绝无仅有的纪录。但是“坏心眼”的科学家却在跳蚤的头顶罩了一个玻璃罩，然后再拍桌子，这一次，跳蚤只要跳起来，就会撞到玻璃掉下来。

实验进行了很多次，跳蚤一直撞玻璃，慢慢地它也开始调整自己跳跃的高度，尽量让自己每次跳跃的时候不撞到头顶的玻璃罩。在接下来的试验中，科学家撤掉了玻璃罩，有趣的事情发生了：在没有玻璃罩的时候，跳蚤的跳跃高度也被限定在玻璃罩的高度以内。也就是说它再也不会跳，也不敢跳了。

让一只跳蚤丧失跳跃的能力，原来这么简单。在一次次受到挫折之后，它逐渐变“乖”了，也习惯自己受限的跳跃高度，最终放弃成为一名真正的跳蚤。

这个实验的可悲与可笑之处，便在于那个玻璃罩的出现，当它不存在的时候，却依旧保持了存在时的威力，一次次扼杀了跳蚤的天赋。此时的玻璃罩虽然不在现实中，却存在于跳蚤的心里，这种现象被科学家称为“自我设限”。

在我们的成长过程中，一定都面临很多害怕自己做不到的时刻，也因此会画地自限，让自己的潜能成了有限的成绩。可是当你认为一切都是命中注定的时候，是否想过自己可以超越这一切呢？忘掉那些限制，让自己在限制面前变得浑然无知，你会发现生活原来不是那么艰难，你可以做到很多自己以为做不到的事，这就是无知的力量。

在认识自己、创造自己的过程之中，我们除了被自己限定，还很容易就会被周围的人限定，如果别人对我们有什么负面的评价，很快就会控制住我们的心神，让我们深深以为自己就是那样的人。

有一位在监狱里传道的传教士比尔，经过调查自己所接触到的犯人，发现了一个现象：90%的罪犯都曾经接受过别人的暗示，认为他们不管如何努力，到头来都只会进入监狱。而这样可怕的暗示绝大部分都来自这些人的父母。

很多伟大的发明家、科学家、创造者都曾经被当作傻瓜，可是他们并没有因为这个称呼而气馁，他们孤军奋战，对抗着人们的嘲讽。对于这些无谓的限定，他们选择做一个浑然无知的人，就当它是拂面的轻风一样，随它去就好。而正是这样的浑然无知，让他们超越了这些限定和嘲讽，挖掘出了自己的潜能，成就了一番事业。

美国北卡州杜克大学超心理学实验室有一位莱恩博士，他曾经就读于芝加哥大学，在这里学习的时候他聆听了亚瑟·柯南道尔的演讲，对心灵现象产生了浓厚的兴趣，他希望通过心灵现象来探索人类未知的力量。在杜克大学做研究的时候，有人警告他如果继续这个项目，会让他的声名受损，朋友们也纷纷来劝阻他，甚至有人因此不愿意与他来往。

可是莱恩却对自己说："我必须找到自己的路，我要忠于自己而不是你们的话。"

在此后的不断努力中，莱恩的研究获得了科学界的肯定，他成为举世知名的心灵学专家。他所打破的不仅是人们对于心灵学的禁忌，也不是科学家对他的敌对，更不是人们对他的嘲讽，而是因为这些行为所带来的自身心理反应。当他因为科研经费紧张而不得不在医院废弃的仪器里寻找零件的时候，当他在递交报告的时候被学校管理者百般阻拦的时候，他都没有将这些因素当作阻止自己前进的障碍，因为他知道最大的阻力来自自己的内心。如果他不允许这些杂音干扰，那么它们就无法进入他的大脑，更无法影响他。在嘈杂的反对者面前，他选择做一个浑然无知的人，选择让自己做主。

当你执着于一个伟大的理想时，你是否也曾经遭遇到这样的险阻，有一些来自你内心深处对自己的限定，有一些来自周围的环境对你的限定？当你因为这些限定而慌乱的时候，它们便占据了你的心灵高地，成为控制你的人。而当你选择屏蔽自己、屏蔽周围的杂音，在世界面前做一个浑然无知的人，那么你就做到了忠于自己的内心，做到了听从自己心灵的召唤。

唯一可以掌控你人生的，只有你自己。唯一可以挖掘出你潜质的，也只有你自己。如果有人可以通过各种方法来帮助你激发潜能，让你前进的动力更加充沛，那么这是一件无比幸运的事。如果有因素希望通过限定你，让你的潜能变得平凡无奇，你所能给出的最大反馈便是让自己进入浑然无知状态。

幸福秘方

做自己，需要做到浑然无知，因为只有这样你才能听清楚自己内心深处的声音究竟在说什么。向前走，也需要做到浑然无知，因为只有这样你才能盯住前方的目标，不至于在别人的指指点点中迷乱了脚步，失去了方向。做一个浑然无知的人，是和这个世界对抗的最佳方式，也是成就自己的最佳途径。

唤醒心中的英雄，成就独特的自己

每个人的心中都沉睡着一座宝藏，可能是一头雄狮，可能是满腔柔肠。有些梦想可以唤醒你的力量，有些爱可以激发你的情思飞扬。不管世界如何变化，你就是最独特的那一个，要记得在你的世界里轻舞，不辜负赋予你的美好时光。

当你坚信自己是一个失败者的时候，失败似乎总是来得比较容易。而当你想要打破这种失败的命运的时候，成功也便来敲门了。思维习惯的改变让你执着的信仰产生了潜意识影响力，而你要做的就是认识自己、挖掘自己，并且相信自己可以成为独一无二的“英雄”。

如果我可以像papi酱一样幽默有趣就好了！如果我可以像MC天佑一样能够出口成章就好了！你一定幻想过这样的事，可是世界上却并不存在如果。虽然它能将你的想象无限延长，可以让你将它作为自己做不到的借口，也可以用来逃避责任，但它还是那个最没有必要的字眼。其实，你不用成为下一个papi

酱，更不用模仿MC天佑，你就是你自己，只有做你自己，你才能赢得别人的关注，扮演好自己的角色是这个时代最需要的精神。

每一个人都有自己独特的魅力，发挥自己的优势，按照这些优点尽情施展，就可以成为不平凡的自己。就算模仿别人到惟妙惟肖，那又如何呢？虽然遍地开花的模仿类综艺节目那么多，却也从未听说过谁因此而成为巨星。全世界每年模仿猫王和杰克逊的人不计其数，上到七八十岁，下到三四岁，却没见过任何一个人成为下一任猫王或杰克逊。所以，不能忘记你的才能，别人记住你、赞赏你的原因，正是因为你是你自己。

正确地评估自己，客观地进行自我检查，评价自己的实际能力并且找到自己的问题所在，是一个人认识自己的第一步。有时候你觉得自己很不错，有时候别人把你贬得一无是处，只有公正客观地评价自己，才能让你免于陷入盲目乐观和妄自尊大的境地，才能有助于你发挥自己的长处，克服自己的不足。

在埃及特尔斐阿波罗神殿上，那句警醒世人的“了解你自己”是来自古埃及圣贤的告诫。当你选择了一项事业或者一种生活，将自己生命中的潜能为之燃烧的时候，你就必须对自己有清醒的认识，你才有机会发展自己的潜能，成就理想的人生。而这种发现也是一种“内心倾向”的发掘，只有这种意识的觉醒，才能让你的个人效率达到最大化。

人的潜能与你所处的环境、职业的搭配，让你可以产生出巨大的能量，这一点常常可以在一些人的身上看到。他们的生活和工作就像是唱歌一样轻松、灵巧，遇到难题对他们来说不是痛苦，反而是一种快乐的挑战。对于这类人而言，工作就是一次激发潜能的机会，就是成就自己的机会，他们成为自己的“英雄”。但依旧有很多人，在与环境做斗争，无法塑造自己的个性，更不能发挥出自己的潜能。如何避免这种与自己“内心倾向”错位的现象，是我们每个人都要面临的冒险。

有一位管理学家曾经说过：没有缺乏天资的人，只是有些人在选择上误入歧途。明确自己的选择，找到足以让自己燃烧的方向，是让你成为独特的自己、成为自己的“英雄”必须面对的一次考验。

在所有亲戚、朋友的眼中，我的朋友艾肯是一个非常优秀的人，他从中学时代就获奖无数，进入了大学之后也不断受到肯定，最后进入知名学府读博士。大家都认为这是一个春风得意的青年，可是当有人询问他是否因此而感到幸福的时候，他却“如鲠在喉”。

他说：“在过去的每一天里，我通过不断学习、获得成绩来赢得大家的肯定，但是我内心深处知道，这不是我想要的。虽然我通过了各类考试，也很感激教导我的人，但我深深感觉自己无法在这个专业里有所创建，之所以一直不肯毕业，是因为我不喜欢我未来的职业。我不能相信自己会成为一名优秀的工程师！”

有些人非常幸运，在童年时代就显示出了自己的“第一潜能”，著名的钢琴家郎朗、李云迪都属于这类人。他们的天赋被发现，家庭和社会也通过有意地培养，让他们先天的才能得到了施展。这是他们的“内心倾向”的显露，让他们更快地获得了成就。而遗憾的是，并不是所有人都会有这种运气，有些人对自己的能力一无所知，家庭与学校的教育也无法在最初就有所察觉，以至于路越走越偏，在未来遇到了“错误的职业”，不仅无法有所建树，还让自己非常痛苦。为了寻找理想的职业，他们需要花费更多的时间，但这不代表他们无法成功。

究竟是谁可以发现我们的潜能，是家长，还是老师，抑或是上司？其实每一个角色都在你的成长道路上发挥着作用，可不管他们多么的重要，最终能够发现自己，并且让你成为自己英雄的只有你自己。发挥自己的潜能，你需要更多的“自知之明”。

在古印度，有一个叫阿力的农夫，他拥有一大片土地，过着无忧无虑的富裕日子。可是在阿力的眼中，这不是他想要的，因为地里虽然可以长出很多的庄稼，却长不出宝石啊！

为了寻找宝石，阿力将自己的家产全部变卖掉，他一路寻找却没有什么收获，最后因为穷困潦倒而不得不回老家。当他走进村子的时候，却发现很多人都在庆祝，上前一打听，原来是在他原来变卖掉的土地上竟然发现了钻石矿。

人们总是无法看清自己所拥有的一切，向外寻求发展的同时忽略了自己的宝藏。其实，每一个人都是自己独有的宝藏，你手握着这么巨大的资源，只需要尽力去开发自己，就能够有无限的惊喜和收获了，又何必愚昧地求别人呢？看看自己身边的“钻石土地”，你会对自己的未来有更清晰的认知。

促使阿力放弃自己的宝藏的，是他对自己没有认知。而能否清晰地认知自己的关键，便在于是否拥有清晰的价值观。有些人可以快速做出正确的决定，除了他长期积累的人生经验之外，清楚地明白自己人生的价值究竟在哪儿也很关键。价值观就如同是人类的指南针，在困境中给你方向。你选择了不同的方向，自然也会拥有不同的人生。

幸福秘方

要想成为自己的英雄，体现自己的人生价值，就必须清楚自己的价值观，同时遵照这样的价值观去生活，去完成我们一生的使命。当我们始终以最高的价值标准来要求自己，那么你的潜能也会得到更大的发挥，人生也会出现更大的改观。

愿你被世界温柔以待

文字编辑：于海清
美术编辑：罗筱筱
插图绘制：朝禾动漫
封面绘制：瓜　里
特邀审校：慧眼校对